"工学结合、校企合作"

职业教育改革创新教材

焊接结构装焊技术

主　编　张婉云

副主编　叶克力　龙昌茂

参　编　邓火生　肖　勇　冯菁菁

　　　　黄公望(企业)

主　审　王国安(企业)　王云鹏

机械工业出版社

本书为职业院校焊接技术及自动化相关专业学生的基本技能训练教材，是根据国家职业、技能鉴定标准要求和特种作业（焊工类）作业人员的安全技术和专业技术水平要求编写的。

本书与《焊接结构零件制造技术》（ISBN 978-7-111-31470-7）教材配套使用。全书共分为七个单元，内容包括焊接结构装焊技术概述、装配中的定位、装配中的夹紧、装配中的测量、装配与焊接工艺装备、焊接结构的总装配、焊接结构的焊接工艺等。内容上采用了模块式的编排，以基本知识和技能训练为重点，结合企业实际产品"空气储罐生产的装配与焊接技术"的要求进行项目操作训练，在实际训练模块的内容和要求上有所扩展。为便于教学，本书配备了电子课件及相关资源，选择本书作为教材的教师可来电索取（010-88379197），或登录 www. cmpedu. com 网站注册、免费下载。

本书可作为高等职业院校焊接技术及自动化相关专业教学用书，也可作为相关企业焊工培训和技术人员参考用书。

图书在版编目（CIP）数据

焊接结构装焊技术/张婉云主编. —北京：机械工业出版社，2012.9（2024.1 重印）
"工学结合、校企合作"职业教育改革创新教材
ISBN 978-7-111-39722-9

Ⅰ.①焊…　Ⅱ.①张…　Ⅲ.①焊接结构—焊接工艺—高等职业教育—教材　Ⅳ.①TG404

中国版本图书馆 CIP 数据核字（2012）第 215156 号

机械工业出版社（北京市百万庄大街 22 号　邮政编码 100037）
策划编辑：齐志刚　责任编辑：齐志刚
版式设计：姜　婷　责任校对：张　征
封面设计：路恩中　责任印制：邓　博
北京盛通数码印刷有限公司印刷
2024 年 1 月第 1 版第 5 次印刷
184mm×260mm · 7 印张 · 168 千字
标准书号：ISBN 978-7-111-39722-9
定价：20.00 元

前 言

本课程的开发以典型焊接结构（压力容器中的空气储罐）为项目载体，体现了“以实际生产工作过程中岗位所需的职业技能和职业素质为导向”的工学结合教学改革思路，即以典型的焊接结构——空气储罐生产的装配与焊接为主线，按照实际生产任务，以“部件装配—总装配—焊接成产品”的工艺路线，通过分析各个生产任务所必需的知识、能力以及素质要求，形成了“实践、理论与知识”一体化的教学内容，并融入了相应的职业素质方面的要求，以指导“教学做”一体化的教学，培养学生综合职业能力。本书是焊接技术及自动化专业新开发的特色教材，与《焊接结构零件制造技术》教材构成了姊妹篇，内容相互呼应，前后知识连贯，条理清楚，主线清晰，构成了以典型项目为载体的工作过程系统化的课程体系。

本书共七个单元，第一单元由张婉云、叶克力编写；第二单元由龙昌茂、叶克力、邓火生编写；第三单元由张婉云、黄公望编写；第四单元由龙昌茂、张婉云编写；第五单元由龙昌茂、肖勇编写；第六、七单元由冯菁菁编写。全书由张婉云担任主编并统稿，叶克力、龙昌茂担任副主编；由柳州工程机械股份有限公司王国安、北京电子科技职业技术学院王云鹏主审。

在本书编写过程中，编者曾多次与企业有关人员进行座谈和讨论，参与的工程技术人员有南宁广发重工集团有限公司谢中枧、苏雪梅、黄景星，南宁市化工集团有限公司韦刚亮等。企业工程技术人员不仅给予编者相关技术支持，还提供了空气储罐的相关资料；另外，本书在编写过程中参阅了许多与课程相关的书籍，在此特向有关作者及在本书编写过程中给予过帮助的行业、企业人士一并表示衷心的感谢！

由于编者水平有限，书中难免有疏漏和不妥之处，恳请广大读者批评指正，以利于修改完善。

编　者

目录

前言
第一单元 焊接结构装焊技术概述 ········ 1
模块一 焊接结构项目载体 ········ 1
一、空气储罐结构组成 ········ 1
二、空气储罐制造工艺 ········ 6
三、压力容器基本知识 ········ 7
模块二 空气储罐零部件制造 ········ 11
一、筒体制造技术 ········ 11
二、封头制造技术 ········ 13
三、法兰制造技术 ········ 15
四、接管制造技术 ········ 16
第二单元 装配中的定位 ········ 18
模块一 常用定位器及应用 ········ 18
一、定位的概念 ········ 18
二、平面定位器 ········ 20
三、圆孔定位器 ········ 22
四、外圆定位器 ········ 23
五、定位器使用注意事项 ········ 23
模块二 装配定位方法 ········ 24
一、装配中的定位焊 ········ 24
二、划线定位装配 ········ 24
三、样板定位装配 ········ 25
四、挡铁定位装配 ········ 26
五、胎夹具定位装配 ········ 27
六、固定式装配法 ········ 27
七、移动式装配法 ········ 28
模块三 空气储罐零部件装配中的定位 ········ 28
一、筒体定位装配 ········ 28
二、筒体与封头定位装配 ········ 29
三、罐体与人孔定位装配 ········ 29
四、罐体与支腿定位装配 ········ 30
第三单元 装配中的夹紧 ········ 31
模块一 常用夹紧器及应用 ········ 31
一、手动夹具 ········ 32
二、气动 液压夹具 ········ 35
三、磁力夹紧器 ········ 38
模块二 空气储罐零部件的装配夹紧 ········ 39
一、筒节的装配夹紧 ········ 39
二、法兰与接管的装配夹紧 ········ 39
三、筒体与封头的装配夹紧 ········ 40
四、接管与筒体或封头的装配夹紧 ········ 40
第四单元 装配中的测量 ········ 41
模块一 测量工具及仪器 ········ 41
一、常用测量工具 ········ 41
二、常用测量仪器 ········ 42
三、量具维护与保养的一般常识 ········ 43
四、专用检测工具 ········ 43
模块二 常见项目的测量 ········ 49
一、测量基准 ········ 49
二、线性尺寸的测量 ········ 50
三、平行度和水平度的测量 ········ 50
四、垂直度和铅垂度的测量 ········ 52
五、同轴度的测量 ········ 53
六、角度的测量 ········ 54
模块三 空气储罐装配时的基准与测量 ········ 55
一、支腿与下封头装配时的基准与测量 ········ 55
二、筒体的测量 ········ 55
三、管口与筒体装配时的基准与测量 ········ 55

第五单元　装配与焊接工艺装备 ………… 57
模块一　常用装配胎具及应用 ………………… 57
一、固定式胎具 ……………………………… 57
二、垂直旋转式胎具 ………………………… 58
三、水平旋转式胎具 ………………………… 59
模块二　焊接变位机械……………………………… 60
一、焊接变位机 ……………………………… 60
二、焊接操作机 ……………………………… 66
模块三　吊装设备 ……………………………… 67
一、起重用工具与机具…………………………… 67
二、装焊吊具 …………………………………… 72
三、葫芦 ………………………………………… 73
四、起重机 ……………………………………… 75

第六单元　焊接结构的总装 ……………… 77
模块一　焊接结构的装配-焊接顺序 ………… 77
一、整装整焊 …………………………………… 77
二、随装随焊 …………………………………… 77
三、部件装焊-总装焊 ………………………… 77
模块二　空气储罐总体装配 ………………… 79
一、筒节间环焊缝的装配与定位焊 …… 79
二、封头与筒体环缝的装配与定位焊 ……………………………………… 81
三、人孔、接管、支座等零部件与筒体的组装 ………………………………… 82

第七单元　焊接结构的焊接工艺 ………… 86
模块一　焊接工艺评定……………………………… 86
一、焊接工艺评定的目的 …………………… 86
二、焊接工艺评定条件与规则 ………… 86
三、焊接工艺评定程序………………………… 87
模块二　焊接工艺的制订 …………………… 89
一、焊接工艺制订的主要依据 ………… 89
二、焊接工艺制订的原则 …………………… 89
三、焊接工艺的主要内容 …………………… 90
模块三　空气储罐主要部件焊接工艺 …… 92
一、埋弧焊机 …………………………………… 92
二、筒体纵缝与环缝焊接工艺 ………… 94
三、空气储罐组合件与筒体拼缝焊接工艺………………………………… 101

参考文献 ………………………………………… 105

第一单元

焊接结构装焊技术概述

焊接结构是将各种经过轧制的金属材料及铸、锻件等坯料采用焊接方法制成的能承受一定载荷的金属结构。

装配是将焊接件按产品图样和技术要求，采用适当工艺方法连接成部件或整个产品的工艺过程；装焊是将已装配好的结构，用规定的焊接方法、焊接参数进行焊接加工，使其连接成一个牢固整体的工艺过程。

模块一　焊接结构项目载体

压力容器是典型的焊接结构，在设计、制造和验收各方面都有严格的标准和规定。$2m^3$ 空气储罐的结构如图 1-1 所示，主要作用是对压缩空气进行储存、稳压和输送压缩空气，并可以分离出压缩空气中的油和水分，以保证压缩空气的使用纯度。

一、空气储罐结构组成

$2m^3$ 空气储罐主体结构是由罐体、进（出）气管、支座、阀座和人孔组件组合装焊而成的。为便于工艺分析和图样的识读，将压缩空气储罐结构图进行了简化，如图 1-2 所示。

1. 各主要组成部分功能

（1）罐体　由筒体和封头构成，既是储气罐的主体，也是主要的受压部件。

（2）进（出）气管　由插管和连接法兰构成，用于连通进、出气管路。

（3）支腿　用于支承和安装储气罐整体。

（4）阀座　用于安装安全阀、压力表、仪表及排污阀等。

（5）人孔　由盖板、把手、固定连接装置构成，用于制造和检修时供操作者出入的通道。

2. 简化图明细表

空气储罐各主要构件明细见表 1-1。

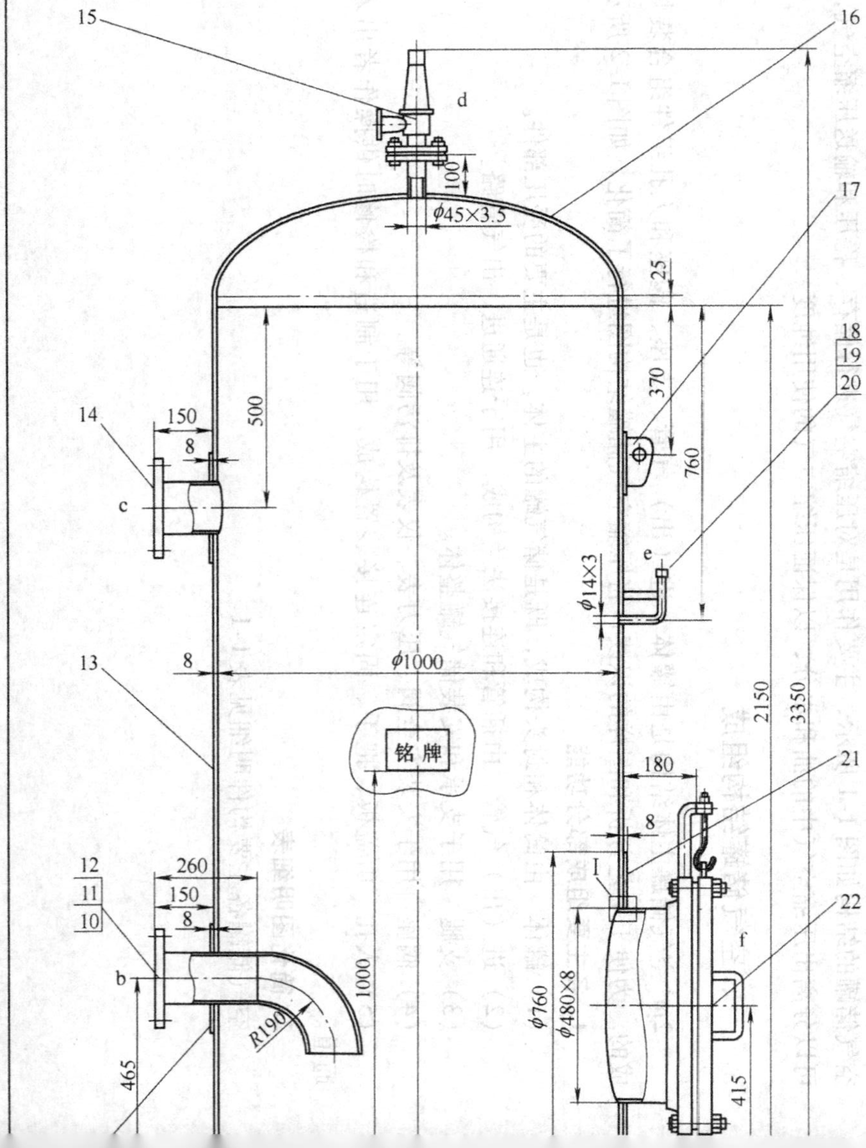

A、B 类焊缝大样

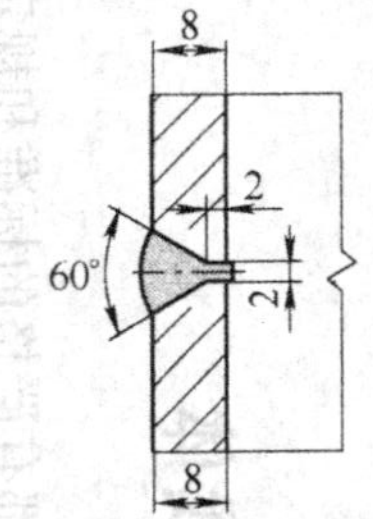

I放大

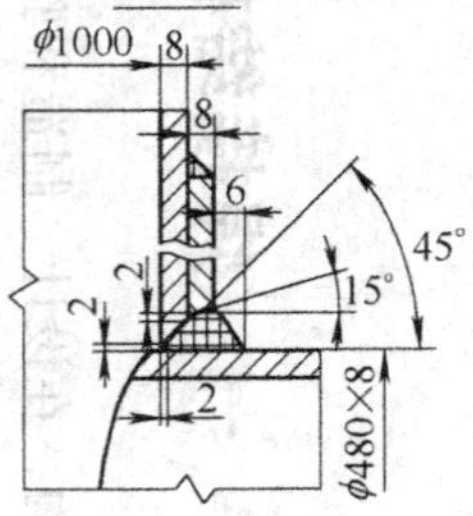

技术要求

1. 本设备按 GB/T 150–2011《压力容器》和 HG/T 20584–2011《钢制化容器制造技术要求》进行制造、试验和验收，并接受 TSG R0004–2009《固定式压力容器安全技术监察规程》的检查和监督。

2. 焊接采用电弧焊，焊条牌号为 J426 或 J427；采用自动焊时，焊丝牌号：H08A，焊剂 431。

3. 焊接接头形式及尺寸除图中注明外，其余按 HG 20583–2011 中规定；对接焊缝为 DU4；接管与筒体、封头的焊缝为 G2(全焊透)；角焊缝的尺寸按较薄板的厚度；法兰的焊接按相应兰标准中的规定。

4. 所有焊缝不得有裂纹、未焊透等缺陷；焊缝表面应打磨圆滑过渡。

5. 设备 A、B 类焊缝按 JB/T 4730–2005 标准进行每条焊缝的 20%，且每条焊缝不小于 250mm 的 X 射线无损检测，III 级为合格。

6. 设备制造完毕，进行水压试验，试验压力为 1.15MPa(表压)，试验合格后把水排净并吹干。

7. 设备管口方位按管口方位图。

8. 设备验收合格后，外表除锈去污，涂氢碳化底 (铁红) 漆、面 (灰) 漆各两道方腐。

9. 本设备的安全阀型号为 A44Y16C (DN40，PN1.6，密封面形式：RF)，安全阀开启压力为 0.85MPa。

10. 所有接管法兰的螺栓孔均跨中分布。

11. 所有管法兰垫片用中压耐油橡胶石棉垫。

技术特性表

项目	指标
工作压力 MPa	0.8
设计压力 MPa	0.92
工作温度℃	常温
设计温度℃	50
工作介质	压缩空气
容积 m^3	~2.0
设备主要材质	Q235B、20g
对接焊缝系数	0.85
腐蚀浓度 mm	1.5
容器类别	I
设备使用年限	8 年

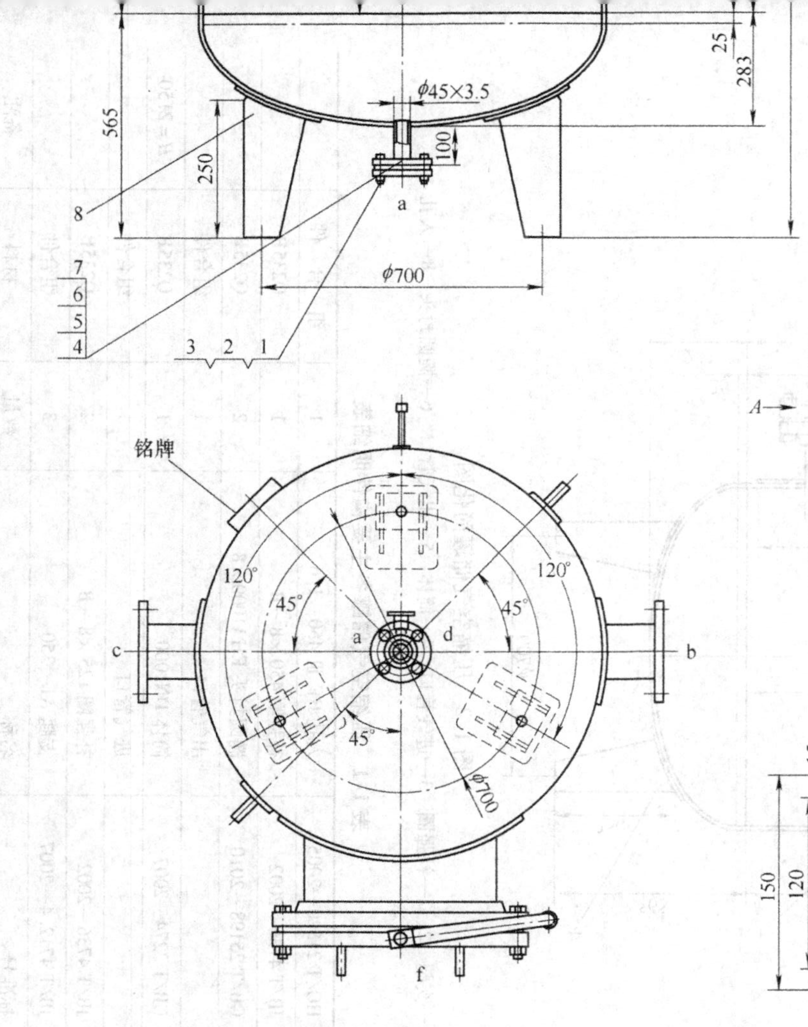

管口及支座方位图

吊耳大样

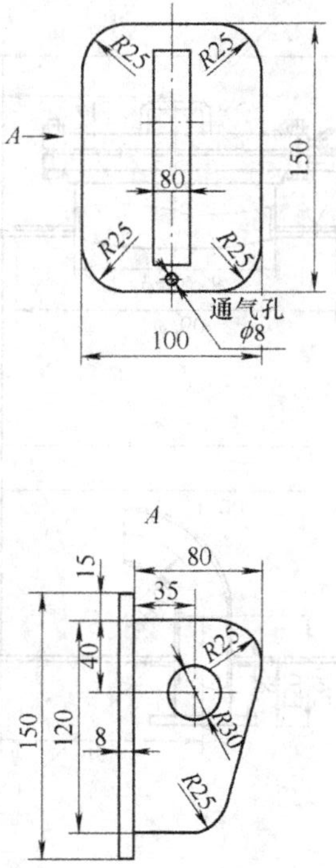

管口表

符号	共称尺寸	连接尺寸或标准	密封面型式	用途
a	40	HG/T 20592-2009 PN16	实面 (RF)	排污口
b	125	HG/T 20592-2009 PN16	实面 (RF)	空气进口
c	125	HG/T 20592-2009 PN16	实面 (RF)	空气出口
d	40	HG/T 20592-2009 PN16	实面 (RF)	安全阀接口
e	10			压力表口
f	450			人孔

设备净重：820kg

件号	图号或标准号	名称	数量	材料	单重 (kg)	总重 (kg)	备注
22	HG/T 21520—2005	人孔 RFa+50-L6	1	组合件		178	
21	JB/T 4736-2002	补强圈 450×8-B	1	Q235B		12.7	
20	GB/T 3274	加强筋 B=4	1	Q235B		0.10	
19	GB/T 8163	接管 ϕ1.4×3	1	20g		0.20	L=250
18		压力表接头	1	组合件		0.05	
17	GB/T 3274	吊耳	2	Q235B	2.0	4.0	见本图
16	GB/T 25198-2010	椭圆封头样 EHA1000×a	2	Q235B	72.0	144	
15	A4 4Y16C	弹簧式安全阀 DX40、PN16,PF	1	组合件		20.0	
14	GB/T 8163	接管 ϕ133×4.5	1	20g		1.73	L=120
13	GB/T 3274	筒体 DN1000	1	Q235B		458	H=2150
12	GB 12459	90° 弯头 DN125	1	20g		2.85	L=150
11	GB/T 8163	接管 ϕ133×4.5	1	20g		2.85	L=200
10	HG/T 20592-2009	法兰 PL125-16RF	2	Q235B	5.65	11.3	
9	JB/T4736-2002	补插图 125×8-B	2	Q235B	1.62	3.24	
8	JB/T4712.4-2007	支腿 A1-350	3	组合件	8.2	24.6	
7	GB/T 3985	密封垫 δ=3	2	橡胶石棉			
6	GB/T 8163	接管 ϕ45×3.5	2	20g	0.45	0.90	L=100
5	HG/T 20592-2009	法兰 PL40-16RF	2	Q235B	2.12	4.24	
4	HG/T 20592-2009	法兰盖 PL40-PN16RF	1	Q235B		2.35	
3	GB/T 95	垫圈 16	8	Q235A			
2	GB/T 6170	螺母 M16	8	B 钢			
1	GB/T 5782	螺栓 M16×55	8	B 钢			

			设计号	
			比例	
设计		工程名称	阶段	施工图
制图		单项工程	专业	设备
校核		2m³空气储罐装配图	图号	V08010.3-01
审核				
审定			第 张	共 张

图 1-1 2m^3 空气储罐结构图

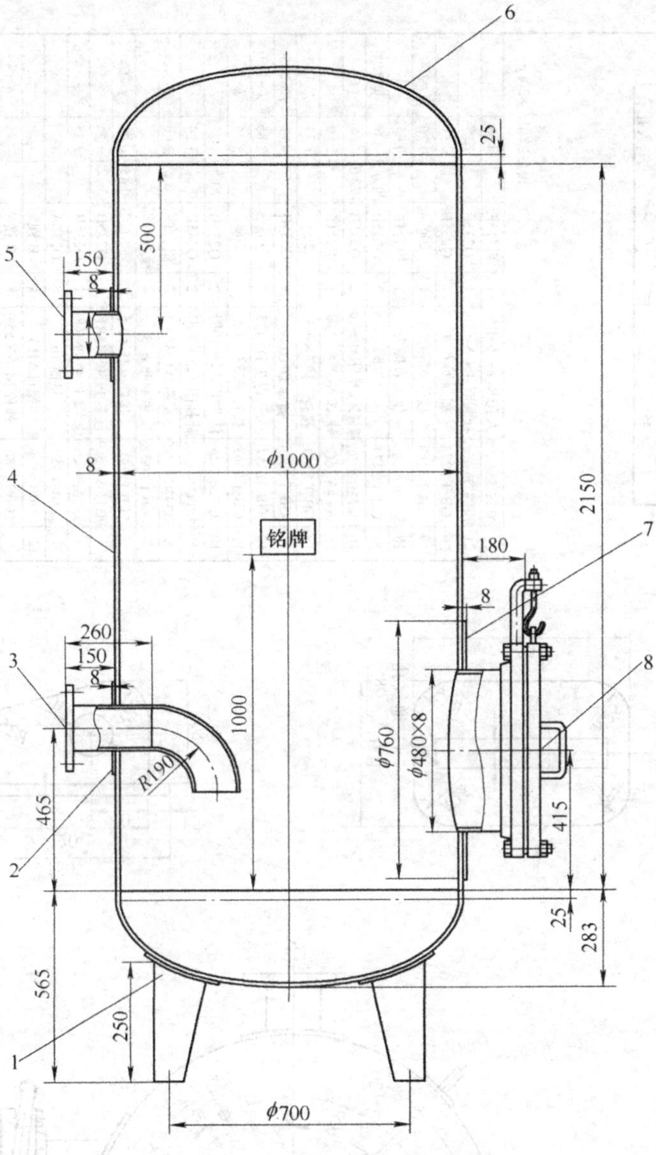

图 1-2 压缩空气储罐简化图

1—支腿 2、7—补强圈 3—进气管口 4—筒体 5—出气管口 6—椭圆封头 8—人孔

表 1-1 压缩空气储罐各主要构件明细表

件号	标准号	名称	数量	材料	备注
8	HG/T 21520—2005	人孔 RF Ⅲ 450—1.6	1	组 合 件	
7	JB/T 4736—2002	补强圈 450×8—B	1	Q235B	
6	GB/T 25198—2010	椭圆封头 EHA1000×8	2	Q235B	
5		出气管口	1	组合件	
4	GB/T 3274—2007	筒体 DN1000	1	Q235B	$H=2150$
3		进气管口	1	组合件	
2	JB/T 4736—2002	补强圈 125×8—B	2	Q235B	
1	JB/T 4712.4—2007	支腿 A1—350	3	组合件	

3. 空气储罐铭牌

空气储罐铭牌的主要技术特性，见表1-2。

表1-2　压缩空气储罐技术特性表

项　　目	单　　位	指　　标
工作压力	MPa	0.8
设计压力	MPa	0.92
工作温度	℃	常温
设计温度	℃	50
工作介质		压缩空气
容积	m^3	2.0
设备主要材质		Q235B、20g
对接焊缝系数		0.85
腐蚀裕度	mm	1.5
容器类别		Ⅰ类
设备使用年限		8年

4. 空气储罐技术要求

1）本设备按GB 150.1～.4—2011《压力容器》和HG/T 20584—2011《钢制化工容器制造技术要求》进行制造、试验和验收，并接受TSG R0004—2009《固定式压力容器安全技术监察规程》的检查和监督。

2）焊接采用焊条电弧焊时，焊条型号为E4316（J426）或E4315（J427）；采用自动焊时，焊丝牌号为H08A，焊剂为HJ431。

3）焊接接头形式及尺寸除图中注明外，其余按HG/T 20583—2011《钢制化工容器结构设计规定》执行；对接焊缝为DU4；接管与筒体、封头的焊缝为G2（全焊透）；角焊缝的尺寸参照较薄板的厚度；法兰的焊接按相应法兰标准中的规定操作。

4）所有焊缝不得有裂纹、未焊透等缺陷；焊缝表面应打磨圆滑过渡。

5）设备A、B类焊缝按JB/T 4730—2005《承压设备无损检测》标准进行每条焊缝的20%，且每条焊缝的X射线检测长度不小于250mm，Ⅲ级为合格。

6）设备制造完毕，进行水压试验，试验压力为1.15MPa（表压），试验合格后把水排净并吹干。

7）设备管口方位按管口方位图。

8）设备验收合格后，外表除锈去污，涂氯磺化底（铁红）漆、面（灰）漆各两道防腐。

9）本设备的安全阀型号为A44Y16C（DN40，PN1.6，密封面形式：RF），安全阀开启压力为0.85MPa。

10）所有接管法兰的螺栓孔均跨中分布。

11）所有管法兰垫片用中压耐油橡胶石棉垫。

焊工国家职业标准中提出了焊工职业道德标准，其中包括：爱岗敬业，工作认真负责，严格执行工艺文件，重视安全，保证质量，坚持文明生产。

二、空气储罐制造工艺

1. 生产工艺过程

空气储罐的一般生产工艺流程如图1-3所示，通过工艺流程图可以概要了解装焊空气储罐的工艺过程。

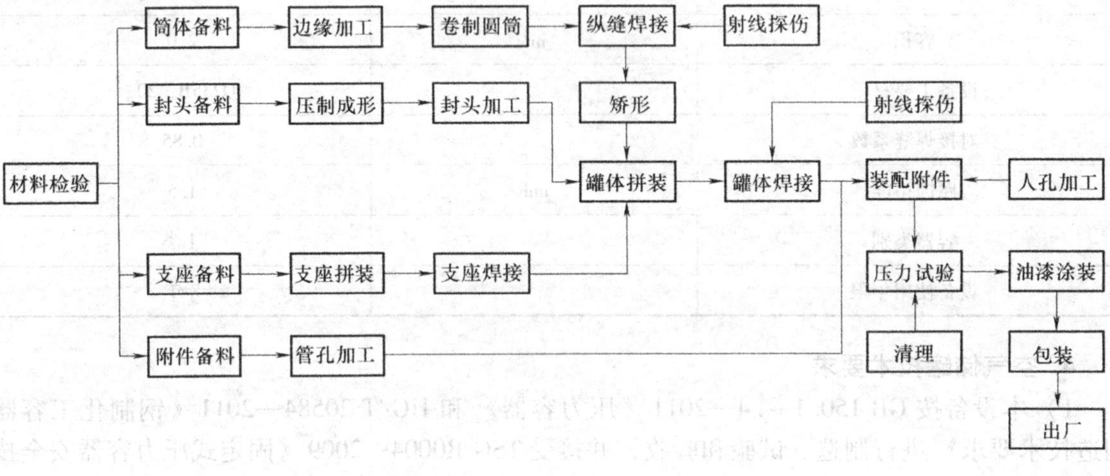

图1-3　空气储罐生产工艺流程

2. 空气储罐工艺分析

空气储罐主要零部件均选择Q235B钢制造，采用焊条电弧焊或埋弧焊焊接成形，且装配和焊接技术要求较高，尤其是筒体与封头的装配和焊接技术要求更高，不仅需严格控制筒体与封头对接环缝的间隙，还必须确保筒体与封头的同轴度误差小于1mm，因此，对生产过程中的每一个工序环节都必须保证尺寸的精度和严格的检验制度。

空气储罐焊接成形后需要做水压试验，当压力由0MPa升到0.4MPa时，检查有无渗漏情况；由0.4MPa升到1.15MPa（表压）时，应维持压力5min。因此，为了保证罐体形状和拼接质量，必须考虑具有足够大的放样平台或场地，使各零部件能一次准确放样，保证各零部件先分别定位焊固定后再拼接整体。

3. 空气储罐工艺处理

空气储罐的筒体和封头均是采用8mm厚的Q235B钢板制成，筒体是在三辊卷板机上辊弯成形，而封头则是利用旋压机旋压或压力机压制成形。筒体和封头拼接时的纵缝和环缝均需要预先开设V形坡口。

对于法兰、钢管接口以及各支腿与罐体的拼装，由于均采用角接接头和T形接头，故不必开设坡口。

三、压力容器基本知识

压力容器是能承受一定压力作用的密闭容器，是指最高工作压力≥0.1MPa，容积≥25L，工作介质为气体、液化气体或最高工作温度高于或等于标准沸点的液体的容器。压力容器应用领域广泛。

1. 压力容器的分类

压力容器的分类方法主要有以下几种。

（1）按设计压力分　压力容器可划分为四个承受等级，即

低压容器（代号 L）　$0.1MPa \leqslant p < 1.6MPa$

中压容器（代号 M）　$1.6MPa \leqslant p < 10MPa$

高压容器（代号 H）　$10MPa \leqslant p < 100MPa$

超高压容器（代号 U）　$p \geqslant 100MPa$

（2）按综合因素分　压力容器可划分为Ⅰ、Ⅱ和Ⅲ类。所谓综合因素是指在承受设计压力等级划分的基础上，按照工作介质的危害性（易燃、致毒等程度）进行的分类。

1）Ⅰ类容器。低压容器（Ⅱ、Ⅲ类规定的除外）。

2）Ⅱ类容器。属于下列情况之一者：

① 中压容器（Ⅲ类规定的除外）。

② 易燃介质或毒性程度为中度危害介质的低压反应容器和低压储存容器。

③ 毒性程度为极度和高度危害介质的低压容器。

④ 低压管壳式余热锅炉。

⑤ 低压搪玻璃压力容器。

3）Ⅲ类容器。属于下列情况之一者：

① 高压容器。

② 毒性程度为极度和高度危害介质的中压容器。

③ 易燃或毒性程度为中度危害介质，且 $pV \geqslant 10MPa \cdot m^3$ 的中压储存容器。

④ 易燃或毒性程度为中度危害介质，且 $pV \geqslant 0.5MPa \cdot m^3$ 的中压反应容器。

⑤ 毒性程度为极度和高度危害介质，且 $pV \geqslant 0.2MPa \cdot m^3$ 的低压容器。

⑥ 高压、中压管壳式余热锅炉。

⑦ 中压搪玻璃钢容器。

⑧ 使用抗拉强度规定值下限≥540MPa 材料制造的压力容器。

⑨ 容积 $\geqslant 50m^3$ 的球形储罐。

⑩ 移动式压力容器，包括铁路罐车、罐式汽车及罐式集装箱等。

2. 压力容器的结构特点

压力容器结构基本形式有圆筒形、球形和圆锥形三种，如图 1-4 所示。其中圆筒形压力容器是最常见的一种结构形式，也是本教材介绍的主要内容。

（1）筒体　筒体是压力容器最主要的组成部分，由它构成储存物料或完成化学反应所需要的大部分压力空间。当筒体直径小于 500mm 时，可用无缝钢管制作。当筒体直径较大时，一般用钢板卷制或压制（压成两个半圆）后焊接而成。由于该焊缝的方向与筒体的纵向（即轴向）一致，故称为纵焊缝。当筒体较短时可做成完整的一节。当筒体的纵向尺寸

a)　　　b)　　　c)

图 1-4　压力容器的结构形式

a）圆筒形　b）球形　c）圆锥形

大于钢板的宽度时可由几个筒节拼接而成，前述空气储罐就是由两节筒节拼接而成的。由于筒节与筒节或筒体与封头之间的连接焊缝呈圆环形，故称为环焊缝。所有的纵、环焊缝焊接接头，原则上均采用对接接头。

（2）封头　根据 GB/T 25198—2010《压力容器封头》的规定，封头的类型可分为半球形、椭圆形、碟形和球冠形等几种，各种封头的断面形状、类型代号及形式参数见表 1-3。目前，应用最普遍的是椭圆形封头。

表 1-3　各种封头的断面形状、类型代号及形式参数

名称		断面形状	类型代号	形式参数关系
半球形封头		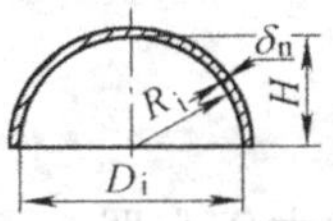	HHA	$D_i=2R_i$ $D_N=D_i$
椭圆形封头	以内径为基准	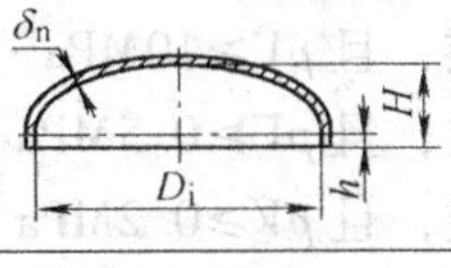	EHA	$\frac{D_i}{2}=2(H-h)$ $D_N=D_i$
	以外径为基准	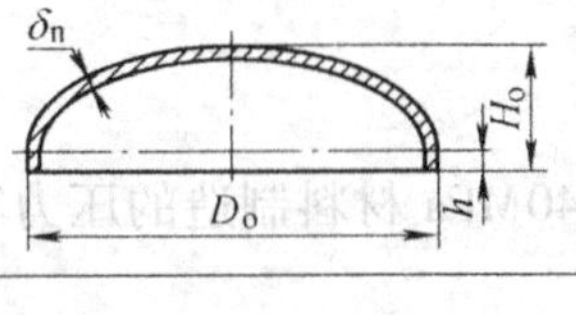	EHB	$\frac{D_o}{2}=2(H_o-h)$ $D_N=D_o$
碟形封头	以内径为基准	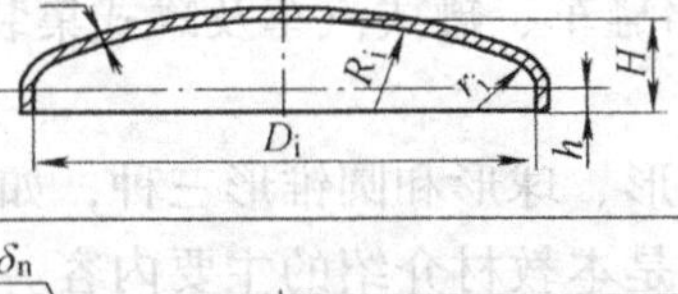	THA	$R_i=1.0D_i$ $r_i=0.1D_i$ $D_N=D_i$
	以外径为基准	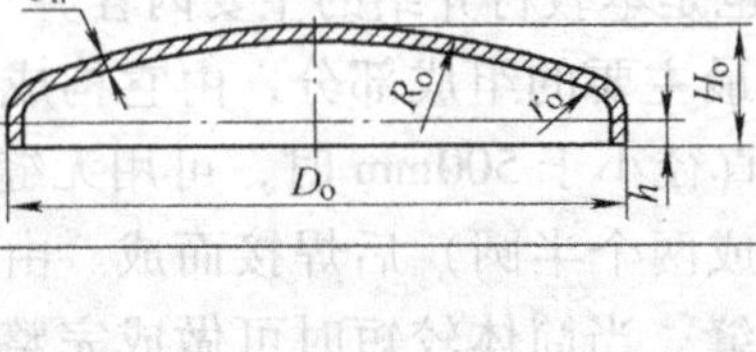	THB	$R_o=1.0D_o$ $r_o=0.1D_o$ $D_N=D_o$

（续）

名　称	断面形状	类型代号	形式参数关系
球冠形封头	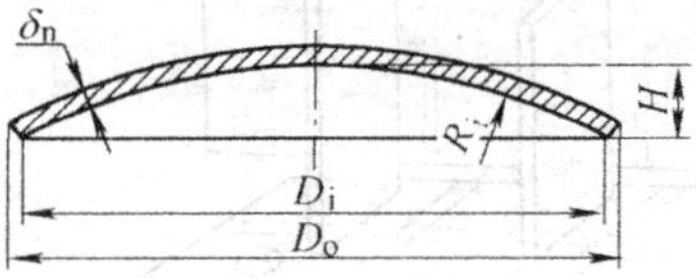	SDH	$R_i=1.0D_i$ $D_N=D_o$
平底形封头	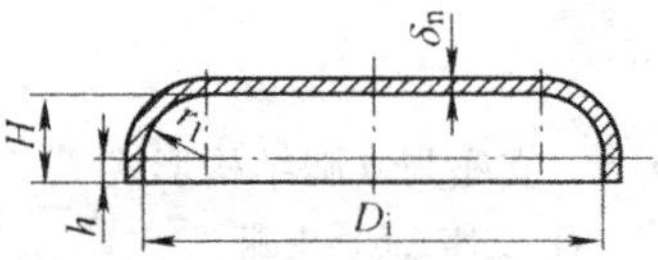	FHA	$r_i\geqslant3\delta_n$ $H=r_i+h$ $D_N=D_i$
锥形封头	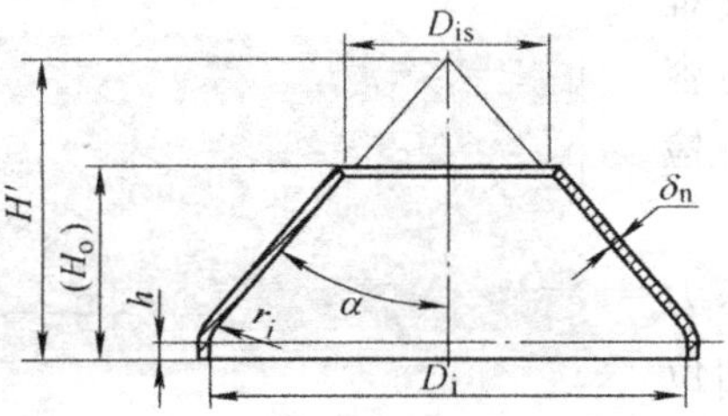	CHA30	$r_i\geqslant0.1D_i$ 且 $r_i\geqslant3\delta_n$ $\alpha=30°$ D_N 以 D_i/D_{is} 表示
		CHA45	$r_i\geqslant0.1D_i$ 且 $r_i\geqslant3\delta_n$ $\alpha=45°$ D_N 以 D_i/D_{is} 表示
	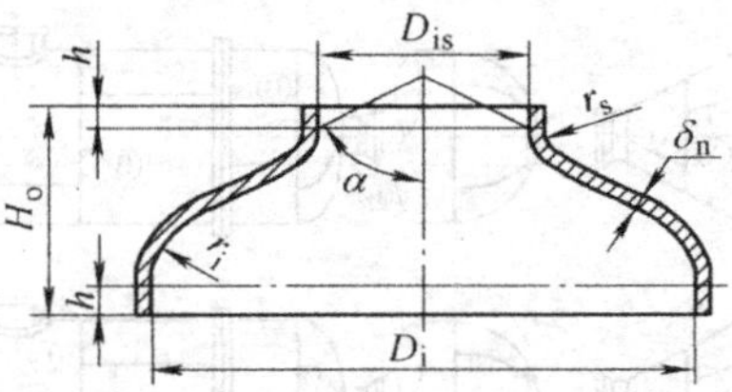	CHA60	$r_i\geqslant0.1D_i$ 且 $r_i\geqslant3\delta_n$ $r_s\geqslant0.05D_{is}$ 且 $r_s\geqslant3\delta_n$ $\alpha=60°$ D_N 以 D_i/D_{is} 表示

（3）法兰　法兰分为管法兰和容器法兰。用于管道连接和密封的法兰称为管法兰；用于容器顶盖与筒体连接的法兰称为容器法兰。法兰与法兰之间一般加密封件，并用螺栓连接起来。

（4）开孔与接管　由于工艺要求和检修时的需要，常在石油化工容器的筒体或封头上开设各种孔或安装接管，如人孔、手孔、视镜孔、物料进出接管以及安装压力表、液位计、流量计、安全阀等接管开孔。筒体与封头上开设孔后，开孔部位的强度被削弱，一般应通过补强圈补强。

（5）支座（支腿）　压力容器靠支座（支腿）支承并固定在各种基体上。根据圆筒形容器的安装位置不同，卧式容器主要采用鞍式支座支承并固定，立式容器一般采用支腿支承并固定容器，如图 1-5 所示。

3. 压力容器制造的严肃性和技术条件

压力容器不仅是工业生产中常用的设备，同时也是一种比较容易发生事故的特殊设备。它与其他生产装置不同，压力容器一旦发生事故，不仅使容器本身遭到破坏，而且往往诱发一连串恶性事故，如破坏其他设备和建筑，危及人员的生命和健康，污染环境，给国民经济

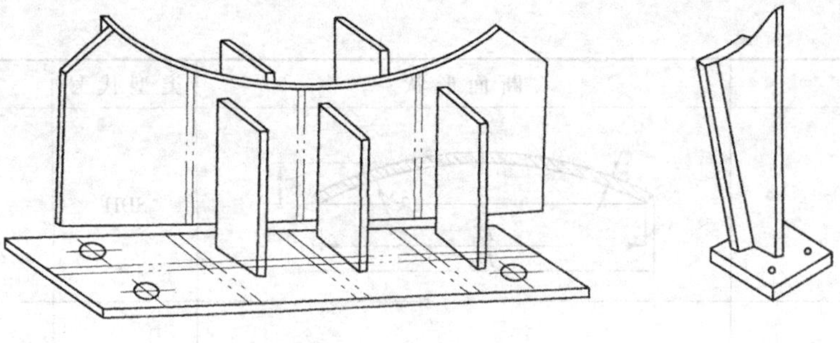
a) b)

图 1-5 支座与支腿结构形式
a) 支座 b) 支腿

造成重大损失，其结果可能是灾难性的。所以，必须严格控制压力容器的设计、制造、安装、选材、检验和使用监督。

空气储罐属于压力容器，其制造和使用必须严格执行国家制定的一系列压力容器标准和遵守压力容器管理条例。

在 GB 150—2011 标准中，压力容器受压部分的接头按其所在的位置分为 A、B、C、D 四类，如图 1-6 所示。

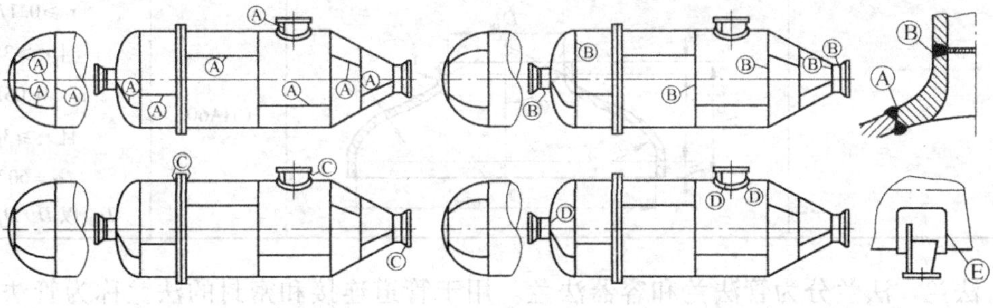

图 1-6 压力容器四类接头的位置

（1）A 类接头 包括圆筒部分的纵向接头，球形封头与圆筒连接的环向接头，各类凸形封头中的所有拼接接头，嵌入式接管与壳体对接连接的接头。工艺要求采用双面焊或保证全部焊透的单面焊缝。

（2）B 类接头 壳体部分的环向接头，锥形封头小端与接管连接的接头，长颈法兰与接管连接的接头。工艺要求采用双面焊的对接接头或采用带衬垫的单面焊缝。

（3）C 类接头 平盖、管板与圆筒非对接连接的接头，法兰与壳体、接管连接的接头，内封头与圆筒的搭接接头。工艺要求通常采用角焊缝连接，高压容器和剧毒介质容器应保证全部焊透。

（4）D 类接头 接管、人孔、凸缘等与壳体连接的接头。此类接头受力条件差，存在较高的应力集中。因此，工艺要求也应采用全部焊透的接头。

非受压元件与受压元件的连接接头为 E 类焊接接头，如容器鞍座的焊接。

模块二　空气储罐零部件制造

本模块内容在《焊接结构零件制造技术》一书中已经作了介绍，为了对空气储罐的制造过程有一个完整的概念，故将部分内容进行简要阐述。

焊接结构零件的加工一般要经过钢材的矫正、预处理、划线、放样、下料、弯曲、压制、校正等多道工序，每道工序的优化对保证产品质量、缩短生产周期、节约材料等方面均有重要的影响。

一、筒体制造技术

1. 筒体划线与下料

（1）筒体图样分析　空气储罐筒体如图 1-7 所示，该筒体材料为 Q235B，属于普通质量非合金钢，Q235 表示钢的屈服强度为 235MPa，B 表示钢的质量等级为 B 级。筒体内径 $D_i = 1000$mm，厚度 $\delta = 8$mm，高 $H = 2150$mm，筒体径向展开长度 $L = 3166$mm。

（2）备料　筒体的展开长度方向应与钢板的轧制方向一致。通常钢板的宽度是 1500mm，不能满足筒体 2150mm 的高度要求。因此，该筒体可分两节下料：一节的尺寸是 1500mm × 3166mm，另一节的尺寸是 650mm × 3166mm。

考虑到工件的后续加工方法，如采用气割下料、卷板成形等，需预留加工余量（3mm），此筒体实际划线尺寸为 1500mm × 3169mm × 8mm（图 1-8 中Ⅰ）和 653mm × 3169mm × 8mm（图 1-8 中Ⅱ）。

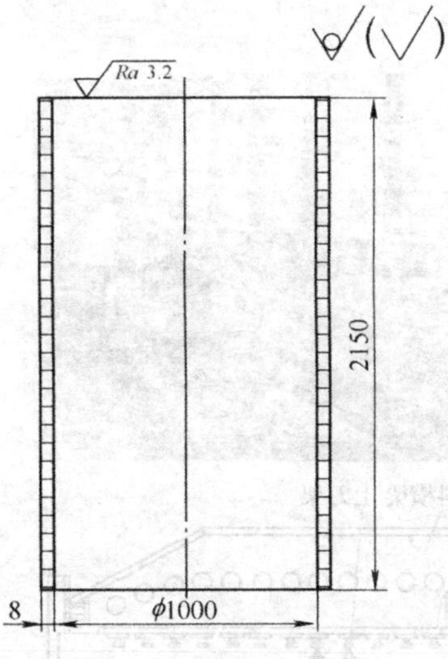

图 1-7　筒体

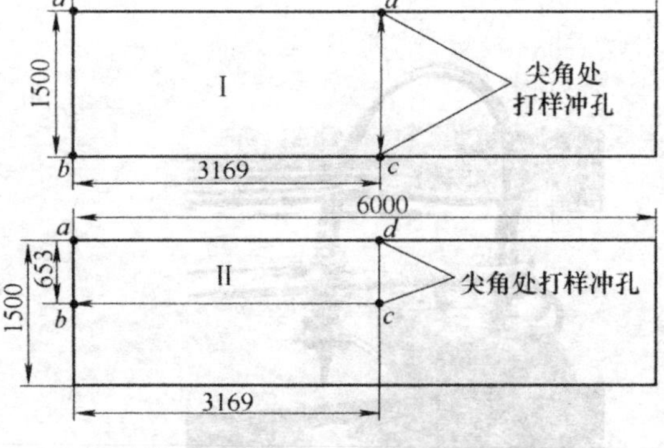

图 1-8　筒体划线图

（3）清理和划线　清除钢板表面的污物、脱落的氧化皮。根据要划图形准备划线工具，筒体的展开图形为一长方形，划线工具包括金属直尺、钢卷尺、划针、石笔、粉线、样冲、锤子等。

划线后进行必要的尺寸检验，检验合格后用样冲在所划图形的四个角点及四周打上数个样冲孔作为标记，目的是为下料工序寻线、补线提供方便。

（4）筒体下料　筒体下料可以采用冷切割和热切割两种方法。冷切割是在常温下利用机械方法使材料分离，如剪切；热切割是利用热能使材料分离，如气体火焰切割。

图 1-9 是利用剪板机进行筒体板材剪切。

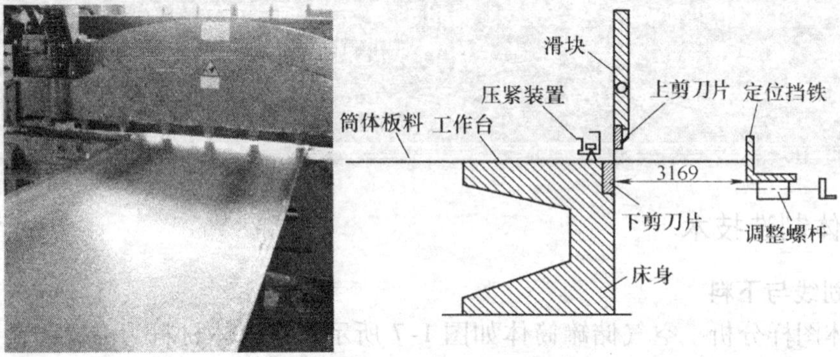

图 1-9　筒体剪板示意图

图 1-10 是利用半自动切割机进行筒体板材切割下料。

2. 筒体坡口加工与成形

（1）坡口加工　在筒体接缝的各外表面一般需加工出 1/2 的 V 形坡口，生产上常用刨边机加工坡口，可以得到较好的表面粗糙度和精确度。刨边机的刨削长度一般为 3 ~15m，当刨削长度较短时，可将很多工件同时进行刨边。当钢板的边缘刨成垂直的平面时，可将很多块钢板重叠起来，一次刨削，这样能使安装和压紧钢板的辅助时间缩短，因而能显著提高机床的利用率。图 1-11 所示是刨边机实物及结构示意图。

图 1-10　半自动切割机下料

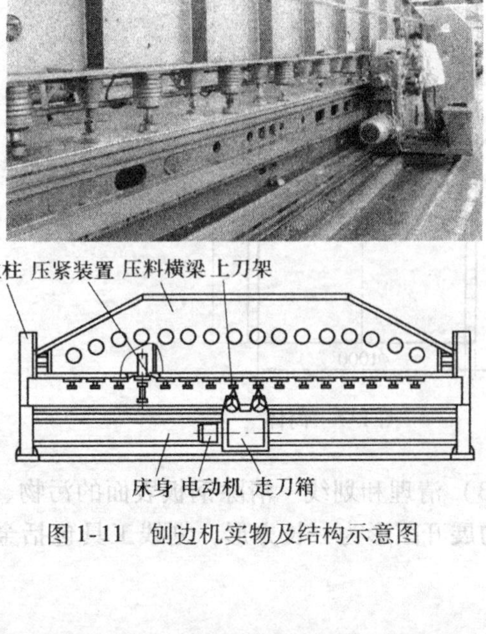

图 1-11　刨边机实物及结构示意图

(2) 筒体成形　筒体的弯曲成形可在卷板机上进行，卷制筒体时应经常用样板测量弧度，循序渐进，直到筒体形状基本符合样板形状后，再从卷板机上取下。

卷板工艺由预弯、对中、卷弯和校正四个步骤组成。图 1-12 所示是卷板机进行筒体卷制。

图 1-12　筒体的卷制

二、封头制造技术

1. 封头划线与下料

(1) 封头图样分析　空气储罐封头如图 1-13 所示，该封头材料为 Q235B，封头内径 $D_i=1000$mm，曲面深度 $H=250$mm，壁厚 $\delta=8$mm，直边 $h=25$mm，为标准椭圆形封头。

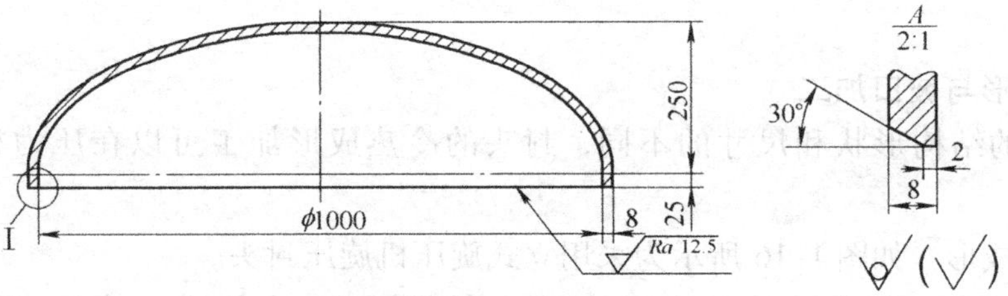

图 1-13　椭圆形封头

在压力容器制造标准中，一般规定长短轴比值（即封头内径与封头深度的比值）为 2，纵断面呈半椭圆形的封头称为标准椭圆形封头。

(2) 备料　封头展开直径尺寸 D 应根据其加工条件不同采用不同的公式计算。旋压成形封头展开直径尺寸可按 $D=1.21D_i+2h+\delta$ 公式进行计算。

即　$D=1.21\times1000\text{mm}+2\times25\text{mm}+8\text{mm}=1268\text{mm}$

考虑到封头的后续加工单边需留 6mm 加工余量，实际划线尺寸为 $D_{划}=D+2\times6\text{mm}=1268\text{mm}+2\times6\text{mm}=1280\text{mm}$，如图 1-14 所示。

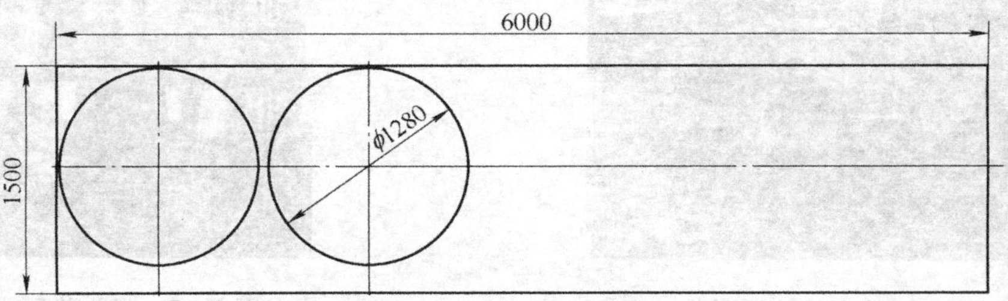

图 1-14　封头划线图

(3) 清理和划线　清除钢板表面的污物、脱落的氧化皮。根据要划图形准备划线工具，封头的展开图形为一圆形，划线工具包括金属直尺、钢卷尺、直角尺、划规、长划规、划针、石笔、样冲和锤子等。

划线后进行必要的尺寸检验，检验合格后用样冲在所划图形的圆周线上打上数个样冲孔作为标记，目的是为下料工序寻线、补线提供方便。

(4) 封头下料　封头下料一般采用热切割，如气体火焰切割。

图 1-15 是利用割圆器或仿形切割机进行封头坯料的切割下料。

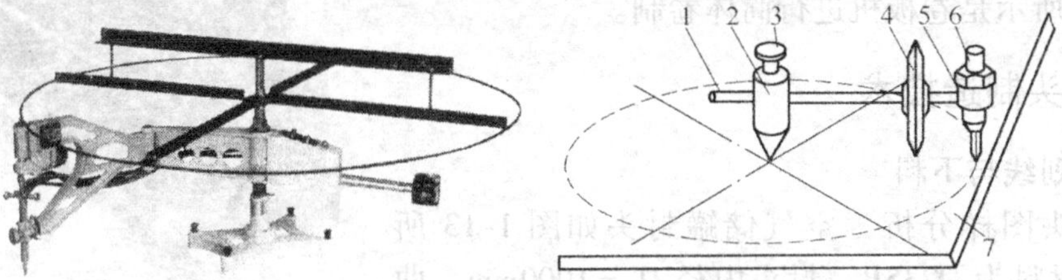

图 1-15　利用割圆器切割封头坯料

1—圆规杆　2—定心锥　3—顶丝　4—滚轮　5—割炬箍　6—割炬　7—被割件

2. 封头成形与坡口加工

根据封头的结构形状和尺寸的不同，封头的冷热成形加工可以在压力机或旋压机上进行。

(1) 旋压成形　如图 1-16 所示为采用立式旋压机旋压封头。

(2) 压制成形　封头除旋压成形外还可使用大型压力机进行冷压或热压成形，如图 1-17 所示。热压成形后应清除氧化物，封头不允许有凸起、凹陷、磕痕等缺陷。通过质量检验应能达到标准要求。

图 1-16　旋压机旋压封头

图 1-17　封头热压成形

(3) 坡口加工　图 1-18 是加工封头坡口的立式自动火焰切割装置。封头 1 放在转盘 6 上，可旋转。割炬 2 沿悬臂 3 上下移动对准封头的切割线，并同时可作一定角度的倾斜，便于加工 V 形坡口。悬臂 3 沿立柱 4 升降或转动，方便不同直径封头的加工。

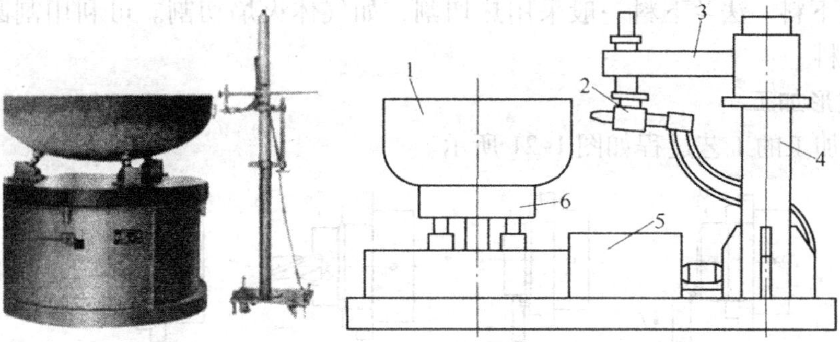

图 1-18　立式自动火焰切割装置

1—封头　2—割炬　3—悬臂　4—立柱　5—传动系统　6—转盘

三、法兰制造技术

1. 法兰划线与下料

（1）法兰图样分析　空气储罐法兰如图 1-19 所示，该法兰材料为 Q235B，法兰外径 $D = 130\text{mm}$，内径 $D_i = 40\text{mm}$，壁厚 $\delta = 16\text{mm}$，在 $\phi80\text{mm}$ 的圆周上均布 4 个 $\phi14\text{mm}$ 的螺栓孔。

法兰的作用是连接各种管道，如进、出气管等。

（2）备料　根据法兰的实际尺寸要求及考虑工件的后序加工余量，外径和内径预留加工余量单边 3mm，即外径取 $D + 6\text{mm} = 130\text{mm} + 6\text{mm} = 136\text{mm}$；内径取 $D_i - 6\text{mm} = 46\text{mm} - 6\text{mm} = 40\text{mm}$，如图 1-20 所示。厚度方向预留加工余量单边 2mm，即取 20mm 厚的钢板。

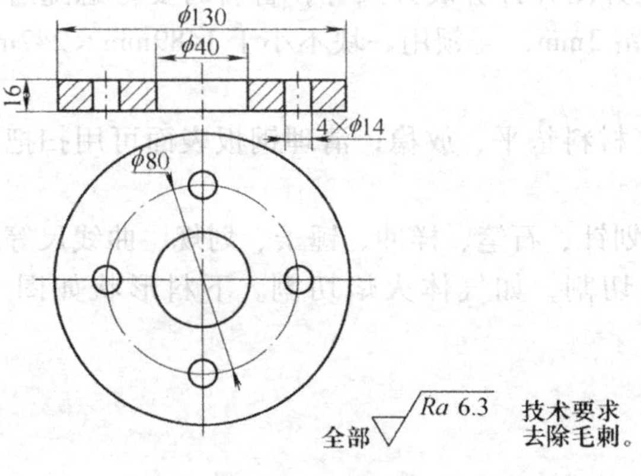

图 1-19　法兰

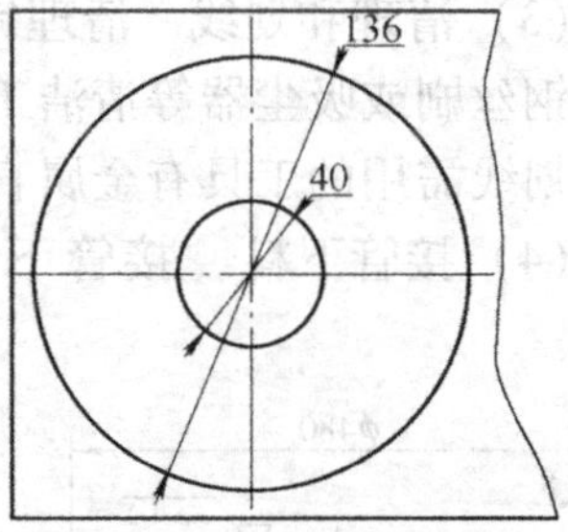

图 1-20　法兰的划线图

（3）清理和划线　清理钢板表面，并将材料垫平、放稳；清理钢板表面可用扫把、擦布、钢丝刷或吸尘器等清洁工具。

法兰整体下料制作划线，主要是内、外两圆的划线。所以要求准备的划线工具有金属直尺、直角尺、划规、石笔、样冲、锤子等。

划线后进行必要的尺寸检验，检验合格后用样冲在所划图形的圆周线上打上数个样冲孔作为标记，目的是为下料工序寻线、补线提供方便。

（4）法兰下料　法兰下料一般采用热切割，如气体火焰切割。可利用割圆器进行法兰坯料的切割下料。

2. 法兰成形加工

法兰成形加工的工艺过程如图1-21所示。

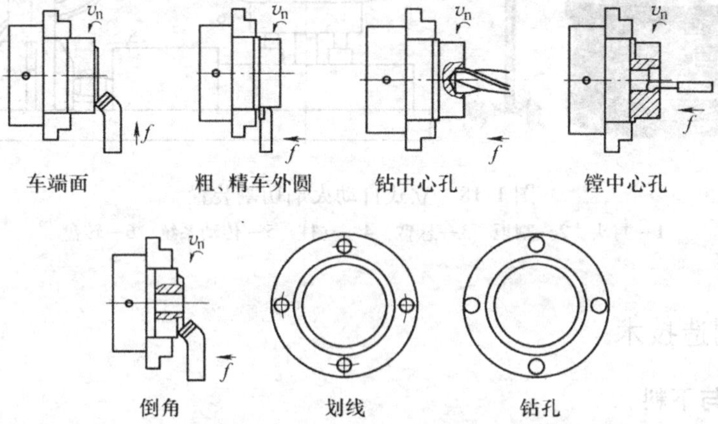

图1-21　法兰成形加工

四、接管制造技术

1. 接管划线与下料

（1）接管图样分析　接管材料为20钢、直径 $\phi=480$mm、厚度 $\delta=8$mm，如图1-22所示。

（2）备料　接管以中径用平行线法作展开图并计算展开尺寸，备料时要考虑随后切割和机械加工所必需的余量。加工余量为单边留3mm，需领用一块不小于1489mm×247mm×8mm的Q235B钢板。

（3）清理和划线　清理钢板表面，并将材料垫平、放稳；清理钢板表面可用扫把、擦布、钢丝刷或吸尘器等清洁工具。

划线需用的工具有金属直尺、直角尺、划针、石笔、样冲、锤子、划规、曲线尺等。

（4）接管下料　接管下料一般采用热切割，如气体火焰切割。下料形状如图1-23所示。

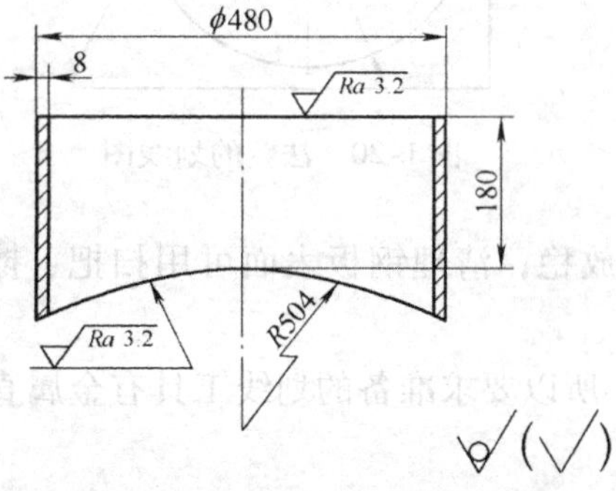

图1-22　接管

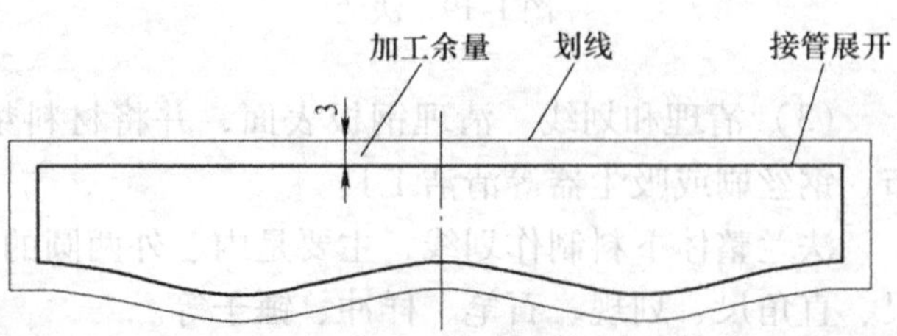

图1-23　接管划线下料图

2. 接管成形加工

1）不同的接管直径采用的成形加工方法也有所不同：大直径接管经过展开划线和下料后可采用卷制的方法成形；直径较小的接管可直接热切割成形。

2）接管坡口的加工可采用热切割和机械加工成形。图1-24所示是接管与法兰的坡口加工与样板检验。

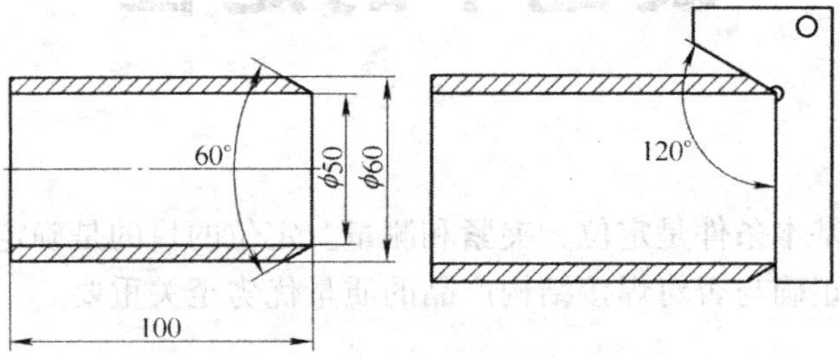

图1-24　接管坡口加工与样板检验

第二单元

装配中的定位

焊接装配的三个基本条件是定位、夹紧和测量。定位的目的是确定焊接零部件在结构中的准确位置，定位的正确与否对焊接结构产品的质量优劣至关重要。

模块一　常用定位器及应用

一、定位的概念

任一个尚未定位的工件在空间直角坐标系中都存在六个自由度（工件位置的不确定性），即沿 x、y、z 三个轴向的相对移动和三个绕轴的相对转动，分别用 $\vec{x}$、$\vec{y}$、$\vec{z}$ 和 $\overset{\curvearrowright}{x}$、$\overset{\curvearrowright}{y}$、$\overset{\curvearrowright}{z}$ 表示，如图 2-1 所示。

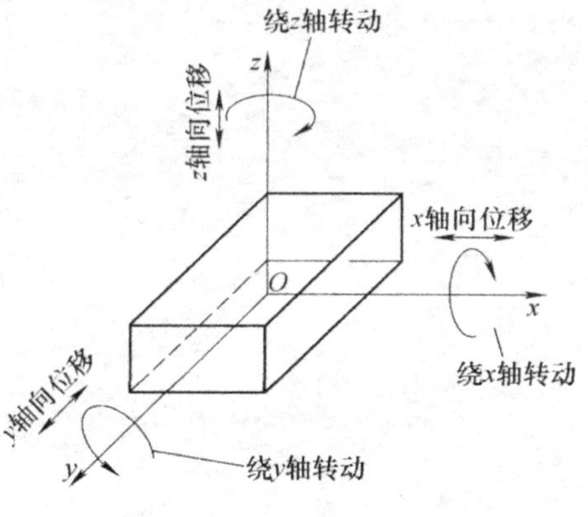

图 2-1　六个自由度

要使工件在夹具中具有准确和确定不变的位置，则必须限制对加工有不良影响的自由度。用来限制工件自由度的固定点，称为定位支承点。无论工件的形状和结构怎么不同，它们的六个自由度都可以用六个定位支承点加以限制，只是六个定位点的分布有所不同。这种用合理分布的六个定位点限制工件六个自由度的法则称为“六点定位规则”。

1. 箱体类工件的定位

以六面体为主的箱体类工件多具有较规则的外形轮廓，具有较大而稳固的安装平面。如图 2-2 所示，在 xOy 面上设置了 1、2、3 三个定位点，可以限制工件沿 z 轴方向的移动 $\vec{z}$ 和绕 x 轴、y 轴的转动 $\overset{\curvearrowright}{x}$、$\overset{\curvearrowright}{y}$ 三个自由度；在 yOz 面上有 4、5 两个定位点，可以限制工件沿 x 轴方向的移动 $\vec{x}$ 和绕 z 轴的转动 $\overset{\curvearrowright}{z}$ 两个自由度；在 xOz 面上设置一个定位点，用以限制工件沿 y 轴方向的移动 $\vec{y}$ 一个自由度。

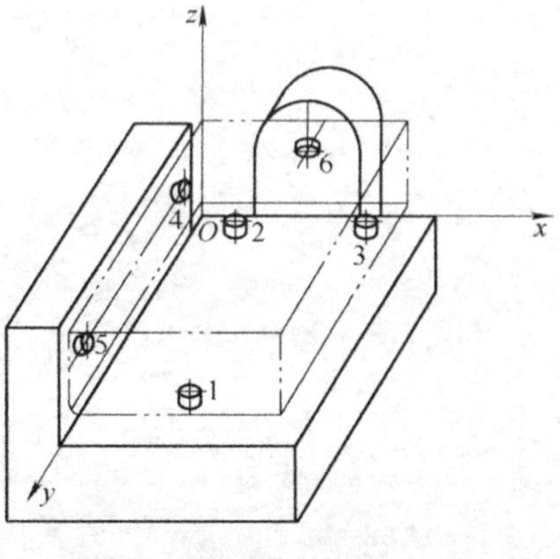

图 2-2　箱体类工件的六点定位

工件上这些设置定位点的具体表面在装配过程中称为定位基准。

1）在 xOy 表面上的三个定位点限制了工件的三

个自由度，这个表面称为主要定位基准。连接三个定位点所得到的三角形面积越大，工件的定位越稳定，也越能保持零件间的位置精度，所以通常是选择工件上最大表面作为主要定位基准。

2）在 yOz 表面上的两个定位点限制了工件的两个自由度，这个表面称为导向定位基准。两个定位点间的距离越远，工件对准夹具平面的位置就越准确、可靠。所以通常选取工件上最狭长的表面作为导向定位基准。

3）在 xOz 表面上的一个定位点限制了工件的最后一个自由度，这个表面称为止推定位基准。通常是选择工件上最短、最窄的表面作为止推定位基准。

2. 圆盘类工件的定位

圆盘类工件端面尺寸较大，其轴向尺寸较径向尺寸小，考虑到安装的稳定性及夹紧可靠，通常以较大的端面作为主要定位基准面。如图 2-3 所示，定位点 1、2、3 限制了工件 $\vec{z}$、$\overset{\curvearrowright}{x}$和$\overset{\curvearrowright}{y}$三个自由度；定位点 4、5 限制了工件的 $\vec{x}$、$\vec{y}$ 两个自由度；定位点 6 限制了$\overset{\curvearrowright}{z}$一个自由度。

3. 轴套类工件的定位

轴套类工件的轴向尺寸大，通常以两端同轴的支承轴颈作为整个轴系的回转支承。如图 2-4 所示，外圆与 V 形块上的 1、2、4、5 定位点接触，限制了工件的 $\vec{x}$、$\vec{z}$ 和 $\overset{\curvearrowright}{x}$、$\overset{\curvearrowright}{z}$ 四个自由度，定位点 3 限制了 $\vec{y}$ 一个自由度，定位点 6 限制了$\overset{\curvearrowright}{y}$一个自由度。

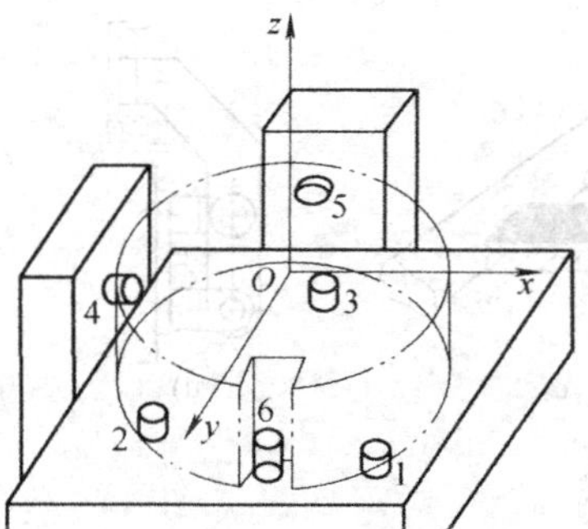

图 2-3　圆盘类工件的六点定位

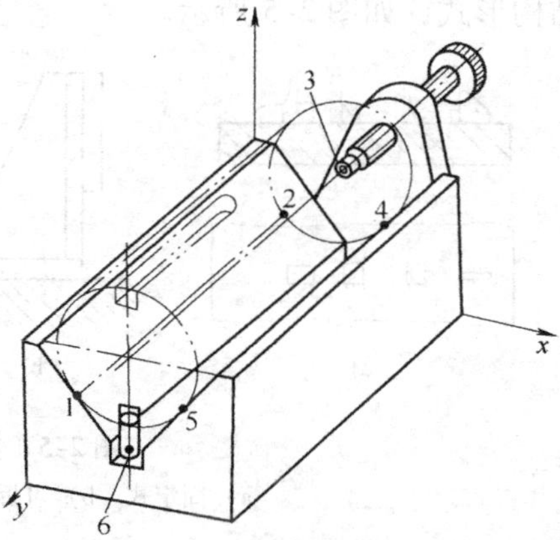

图 2-4　轴套类工件的六点定位

4. 定位基准的选择

定位基准一般由工艺人员在编制产品结构的工艺规程时就已确定。进行夹具设计时，也是以工艺规程中所规定的定位基准作为研究和确定焊件定位方案的依据。

选择定位基准时需着重考虑以下几点：

1）定位基准应尽可能与焊件设计基准重合，以便消除和减小因基准不重合而产生的误差。

2）工件表面不平整时，可采取一些突起的定位块以较小的点、线、面与工件接触定位，减小定位误差。

3）定位基准夹紧力的作用点应尽量靠近焊缝区，减小受夹紧力或焊接热应力等作用所产生的变形。

4）可根据焊接结构的布置、装配顺序等综合因素来考虑定位方案。

5）应尽可能使夹具的定位基准统一，便于组织生产和有利于夹具的设计与制造。

工件的六个自由度均被限制的定位称为完全定位；工件被限制的自由度少于六个，但仍能保证加工要求的定位称为不完全定位。在焊接生产中，为了调整和控制不可避免产生的焊接应力与变形，有些自由度是不宜限制的，故可采用不完全定位的方法。

二、平面定位器

定位器可作为一种独立的工艺装置，也可以是复杂夹具中的一个基本元件。定位器的形式有多种，如挡铁、支承钉或支承板、定位销及 V 形块等。使用时，可根据工件的结构形式和定位要求进行选择。

工件以平面定位时常采用挡铁、支承钉或支承板等进行定位。

1. 挡铁定位器

挡铁定位器是一种应用较广且结构简单的定位元件，可使工件在水平面或垂直面内进行定位其结构形式，如图 2-5 所示。

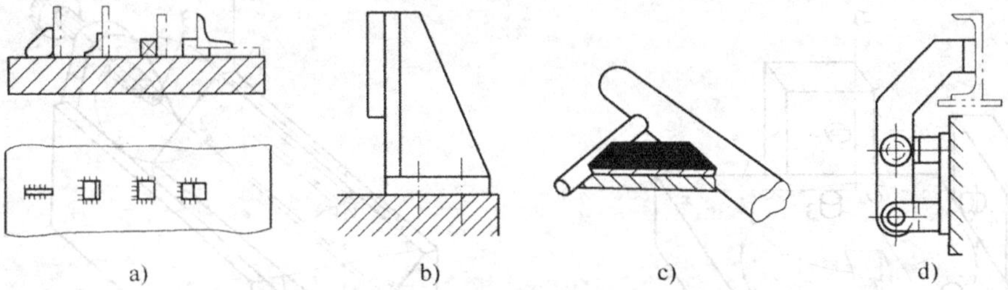

图 2-5　挡铁的结构形式

a）固定式　b）可拆式　c）永磁式　d）可退式

1）固定式挡铁一般可采用一段型钢或一块钢板按夹具的定位尺寸直接焊接在夹具体或装配平台上使用。

2）当固定挡铁对工件的安装和拆卸有影响时应选择可拆式挡铁，在定位平面上加工出孔或沟槽，挡铁直接插入夹具体或装配平台的锥孔上，不用时可以拔除，也可用螺栓固定在平台上定位工件。

3）永磁式挡铁采用永磁性材料制成，使用非常方便，一般可定位 30°、45°、70°、90°夹角的铁磁性金属材料。

4）可退式挡铁是为保证复杂的结构件经定位焊或焊接后，能从夹具中顺利取出。通过铰链结构使挡铁用后能迅速退出，提高工作效率。

挡铁的定位方法简便，定位精度不太高，所用挡铁的数量和位置，主要取决于焊件的结构形式、选取的基准以及夹紧装置的位置。对于受力（重力、热应力、夹紧力等）较大的挡铁，必须保证挡铁具有足够的强度。

2. 支承钉定位器

支承钉在实际生产应用较广泛，其结构尺寸也已标准化。

（1）固定支承钉定位器　固定支承钉一般固定安装在夹具体上，根据功能不同又分为平头支承钉、球头支承钉和齿纹头支承钉三种类型，如图 2-6 所示。平头支承钉用来支承已加工过的平面定位。球头支承钉用来支承未经加工，粗糙不平的毛坯表面或工件窄小表面的定位，这种支承钉与工件形成点接触，接触应力较大，易压溃工件表面，使表面留下浅坑，故尽量不用于负荷较大的场合。齿纹头支承钉多用在工件侧面，增大摩擦因数，防止工件在加工过程中产生滑动，使定位更加稳定，但也易损伤工件表面，故多用于还需精加工的工件表面的定位。

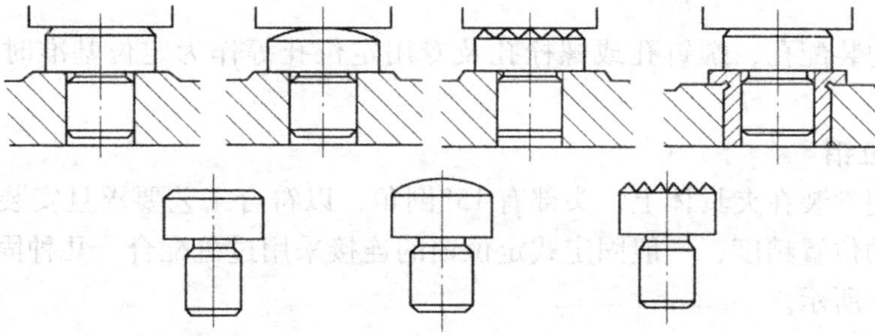

图 2-6　固定支承钉及应用

a）平头　b）球头　c）齿纹头

（2）可调支承钉定位器　可调支承钉是指高度可以调节的支承。如图 2-7 所示即为几种常用的可调支承钉结构形式，这几种可调支承钉都可以通过螺钉和螺母来实现支承点位置的调节。当所调支承点的位置一经调节适当后，便需通过锁紧螺母锁紧，以防止在加工过程中定位支承钉的松动而使其支承点位置发生变化。

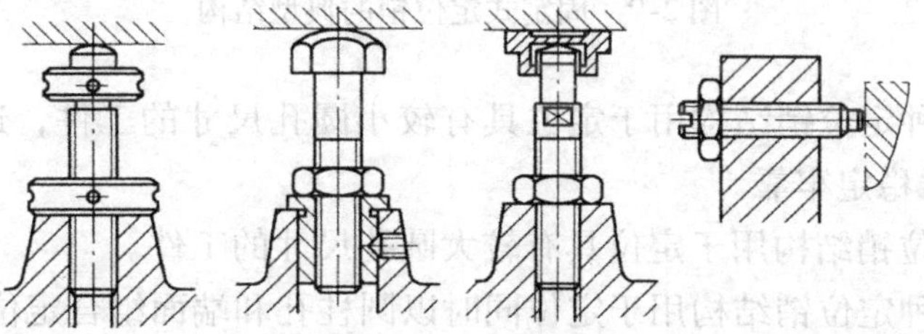

图 2-7　各种可调支承钉

当不同工件的毛坯质量差异较大或同类工件要求不同的规格及改变某一尺寸的定位要求时，可通过可调支承的一次性调整来满足新工件的定位要求并适当补偿工件的尺寸误差。

3. 支承板定位器

为使幅面较大、跨度较大的加工平面安装稳固、可靠，多选用支承板定位。如图 2-8 所示为两种常用支承板的结构形式，光面支承板多用于垂直布置的场合；带斜槽的支承板多用于水平方向布置的定位中，其凹槽可防止细小切屑停留在定位面上。

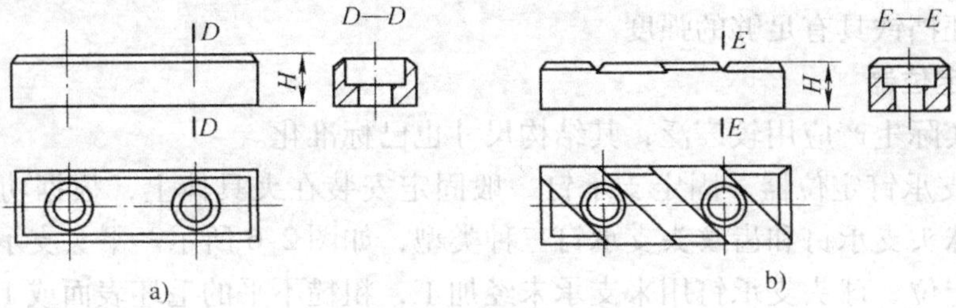

图 2-8 支承板

a）光面支承板 b）斜槽支承板

三、圆孔定位器

利用工件上的装配孔、螺钉孔或螺栓孔及专用定位孔等作为定位基准时多采用定位销定位。

1. 固定式定位销

固定式定位销常装在夹具体上，头部有15°倒角，以符合工艺要求且安装方便。为保证定位销在夹具上的位置精度，一般固定式定位销的连接采用过盈配合。几种固定式定位销的结构形式如图 2-9 所示。

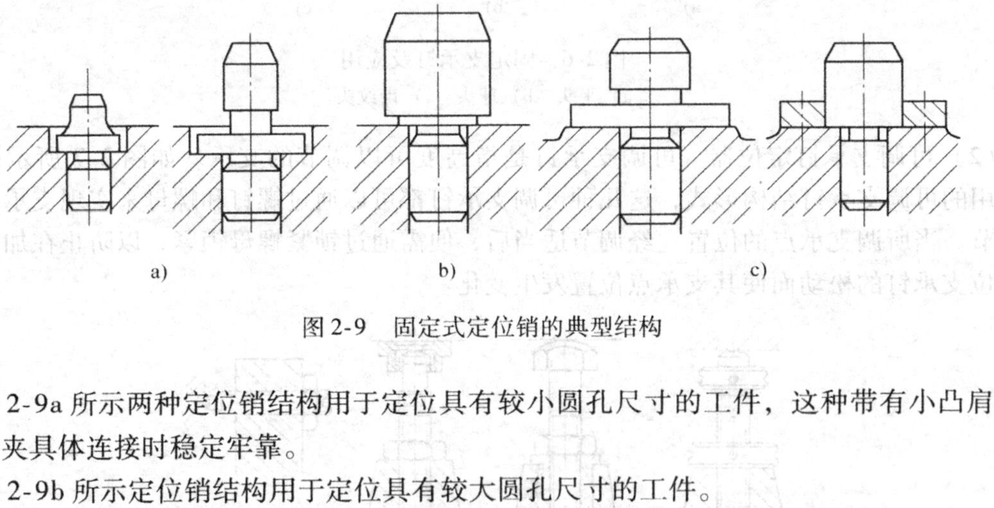

图 2-9 固定式定位销的典型结构

图 2-9a 所示两种定位销结构用于定位具有较小圆孔尺寸的工件，这种带有小凸肩的定位销与夹具体连接时稳定牢靠。

图 2-9b 所示定位销结构用于定位具有较大圆孔尺寸的工件。

图 2-9c 所示两种定位销结构用于定位同时以圆柱孔和端面组合定位的工件。

2. 可换式定位销

在大批量生产中，由于定位销磨损较快，为保证工件加工精度需定期维修更换定位销，常采用便于更换的可换式定位销。图 2-10 是几种可换式定位销的结构形式，插销式定位销依靠工件之间的工艺孔进行定位，一般情况是定位焊后拆除该定位销才能进行焊接；衬套式定位销是为了便于定期更换，在定位销与夹具体之间装有衬套，由于定位销与衬套之间存在装配间隙，故其位置精度较固定式定位销低；为适应以工件上的两孔一起定位的需要，通常在两个定位销中采用一个削边定位销，其目的是解决销定位时的重复定位问题。

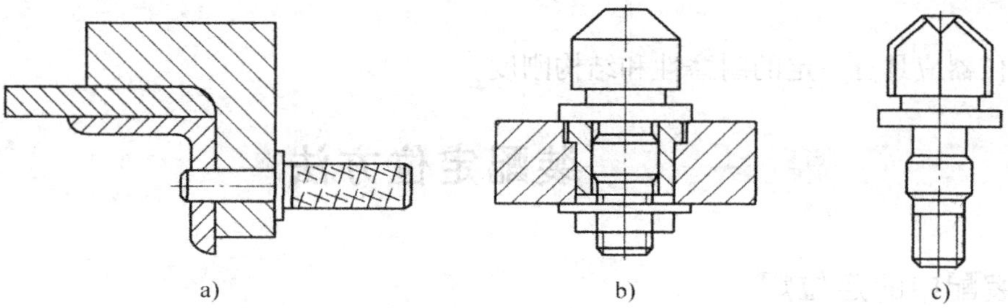

图 2-10　可换式定位销的典型结构
a）插销式　b）衬套式　c）削边式

四、外圆定位器

生产中，管子、轴及小直径圆筒节等圆柱形工件的定位多采用 V 形块。V 形块既能用于精定位基面，又能用于粗（毛坯）定位基面；既能用于定位完整的圆柱面，又能用于定位局部的圆柱面。V 形块定位的对中性好，工件的定位基准总是处于 V 形块两限位基面的对称面内。

V 形块的结构形式取决于它所起的作用和工件的结构、尺寸、精度及生产批量等，如图 2-11 所示。固定式单 V 形块用于较短工件的定位，双 V 形块用于较长工件两端或断续圆柱轴颈的定位。可调式 V 形块一般用于同一类型但尺寸有变化的工件，或用于可调整夹具中。

常用的 V 形块两工作斜面的夹角一般有 60°、90° 和 120° 几种，其中 90° 角的 V 形块应用得最多。

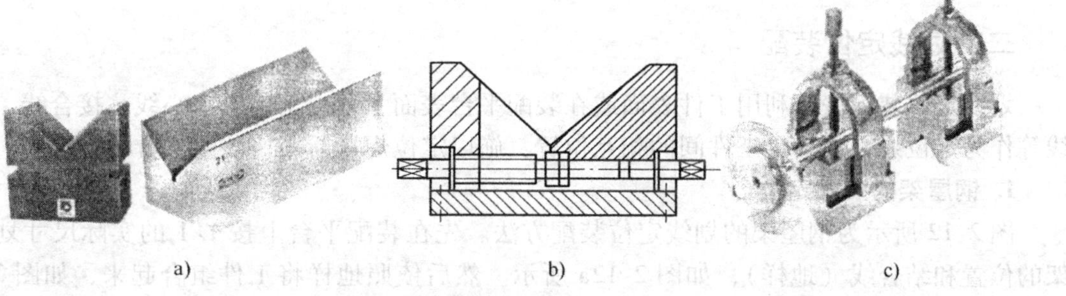

图 2-11　V 形块的结构形式与应用
a）固定式　b）可调式　c）应用示例

五、定位器使用注意事项

1）焊接定位器应配置在焊件加工表面附近。

2）对型钢类焊件，如角钢、槽钢等，焊接定位器要布置在背面或棱边上，避免布置在内侧、斜面上。

3）焊接定位器的布局不应妨碍切割和焊接操作。

4）布置焊接定位器时，应对所装配焊件的变形有所估计，以防止装配焊接完成后焊件取不下来。

5）定位器应具有一定的耐磨性和结构刚度。

模块二 装配定位方法

一、装配中的定位焊

定位焊也称为点固焊，用来固定已定位的工件之间的相互位置，以保证整个结构得到正确的几何形状和尺寸。

进行定位焊时应注意以下几点：

1）定位焊缝必须保证焊透，故应选用直径小于4mm的焊条或直径小于1.2mm的CO_2气体保护焊焊丝，定位焊的焊接电流应较正式焊时大10%～15%。

2）定位焊缝有未焊透、夹渣、裂纹、气孔等焊接缺陷时，应该铲掉并重新焊接，不允许留在焊缝内。

3）定位焊缝的起弧和结尾处应圆滑过渡。

4）定位焊缝长度尺寸一般根据板厚选取为15～30mm，间距为50～300mm，板薄取小值，板厚取大值。

定位焊缝一般比较短小，而且该焊缝作为正式焊缝留在焊接结构之中，故对所使用的焊条或焊丝应与正式焊缝所使用的焊条或焊丝牌号相同。

二、划线定位装配

划线定位装配法是利用工件表面或在装配平台表面上划出工件的中心线、接合线、轮廓线等作为定位线，来确定工件间的相互位置，施以定位焊进行固定装配的方法。

1. 钢屋架的装配定位

图2-12所示为钢屋架的划线定位装配方法。先在装配平台上按1∶1的实际尺寸划出屋架的位置和结合线（地样），如图2-12a所示。然后依照地样将工件组合起来，如图2-12b所示。此装配也称“地样装配法”。

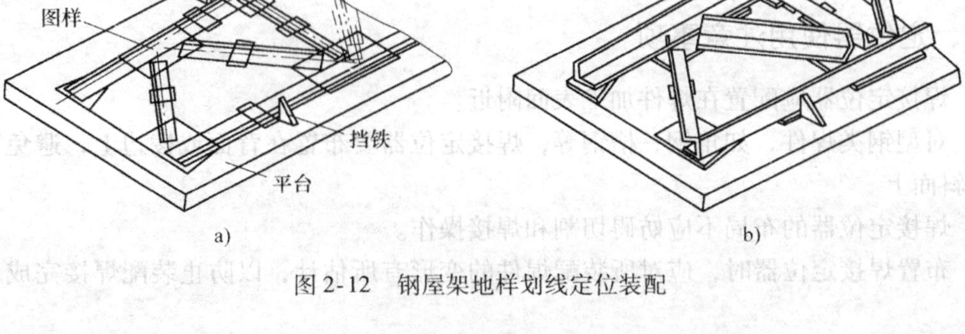

图2-12 钢屋架地样划线定位装配

2. 支承座的定位装配

支承座结构由底板、槽钢、侧板和筋板组成，如图2-13所示。首先以底板为划线定位基准面，按支承座的图样要求，在底板上划出中心线和接合线作为定位基准线（简称定位线），以确定槽钢、立板和三角形加强筋板的位置。

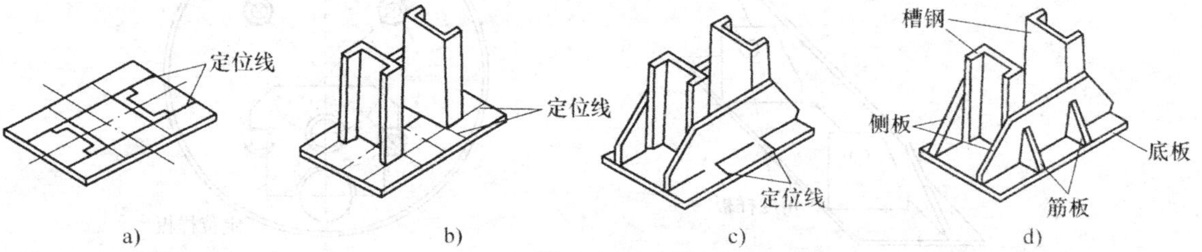

图2-13　支承座划线定位装配
a）底板划线　b）槽钢定位装配　c）侧板定位装配　d）筋板定位装配

3. 箱形梁的定位装配

箱形梁由翼板、腹板和筋板组成，如图2-14所示。装配前，先把翼板、腹板分别矫正平直，板料长度不够时应先进行拼接。装配时，将翼板放在平台上，划出腹板和筋板的位置线，并打上样冲眼。各筋板按位置线垂直装配于翼板上，用直角尺检验垂直度后定位焊，固定筋板之间的距离。然后装配两腹板，使它紧贴筋板立于翼板上，并与翼板保持垂直，用直角尺校正后施行定位焊。

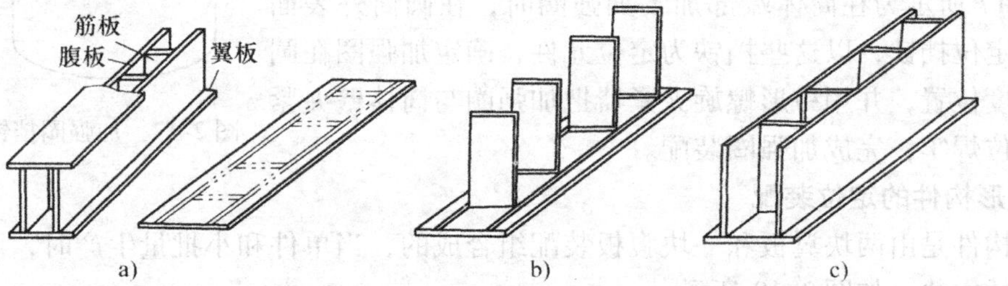

图2-14　箱形梁的划线定位装配
a）翼板划线　b）筋板定位装配　c）腹板定位装配

装配完两腹板后，应由焊工按一定的焊接顺序先进行箱形梁内部焊缝的焊接，并经焊后矫正，内部涂上防锈漆后再装配另一翼板，即完成了整个装配工作。

三、样板定位装配

1. 斜T形结构的定位装配

斜T形结构的定位装配是利用样板来确定工件的位置、角度的定位，然后夹紧并经定位焊完成装配的装配方法。常用于钢板与钢板之间的角度装配和容器上各种管口的安装。

如图2-15所示为斜T形结构的样板定位装配。根据斜T形结构立板的斜度，预先制作样板，装配时在立板与平板接合线位置确定后，即以样板去确定立板的倾斜度，使其得到准确定位后实施定位焊。

2. 管子的定位装配

如图 2-16 所示在工件上利用样板定位装配管接头。

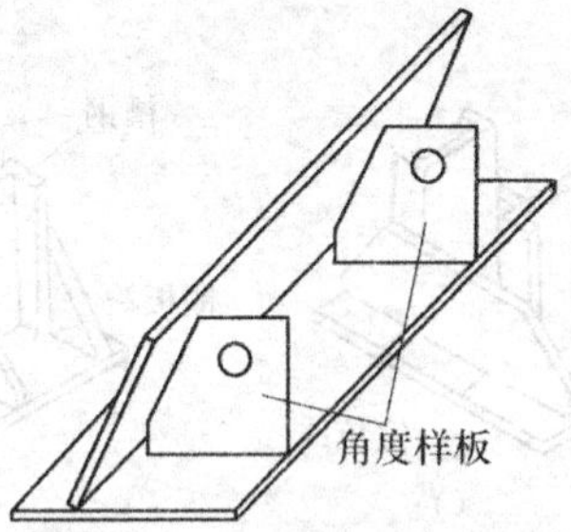

图 2-15　斜 T 形结构样板定位装配

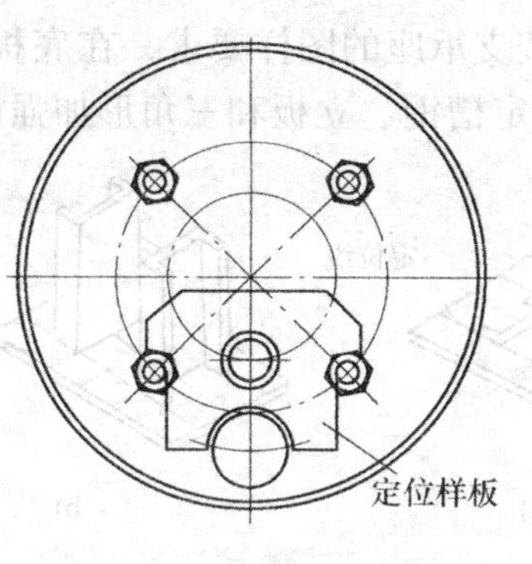

图 2-16　样板定位装配

四、挡铁定位装配

1. 筒体加强圈的定位装配

筒体加强圈的定位装配是用一些特定的定位元件（如板块、角钢、销轴等）构成空间定位点来确定工件的位置，并用装配夹具夹紧装配。它不需划线，装配效率高，质量好，适用于批量生产。

图 2-17 所示为在筒体端部加装加强圈时，在圆筒外表面焊上若干定位挡铁，以这些挡铁为定位元件，确定加强圈在圆筒上的高度位置，并用弓形螺旋夹紧器把加强圈与筒体壁夹紧密贴，定位焊牢，完成加强圈装配。

图 2-17　加强圈挡铁定位装配

2. 工形构件的定位装配

工形构件是由两块翼板和一块腹板装配组合成的，当单件和小批量生产时，可采用挡铁定位装配的方法，如图 2-18 所示。

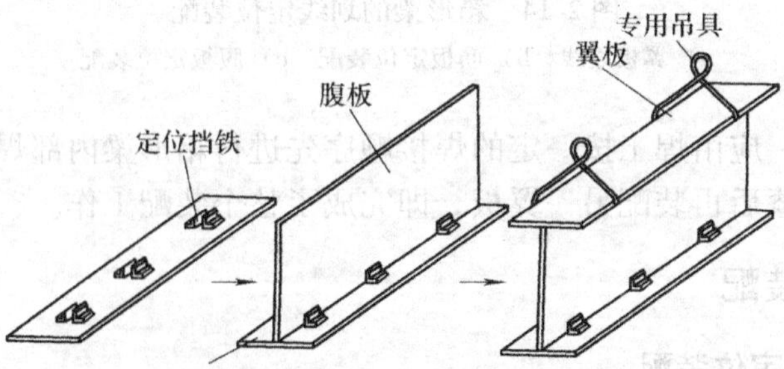

图 2-18　工形构件挡铁定位装配

1）将两块翼板和一块腹板矫平、矫直。

2）将翼板放在平台上，划出腹板的位置线并按位置线在两翼板上焊上挡铁块。

3）把腹板吊装到一块翼板上，利用直角尺检测腹板与翼板的垂直度，定位焊固定。

4）将T形构件翻转吊装到另一块翼板上，利用直角尺检测腹板与翼板的垂直度，定位焊固定。

五、胎夹具定位装配

1. 双臂角杠杆定位装配

图2-19所示为双臂角杠杆的焊接结构，它由三个轴套和两个臂杆组成。工件定位装配时，臂杆之间的角度和三轴孔之间的位置通过两个插销和定位销钉定位；两臂杆的水平高度位置和中心线位置通过带有挡铁的支承板确定；两端轴套高度通过调整垫片定位，然后夹紧定位焊完成装配。它的装配全部用定位器定位后完成的，装配质量可靠，生产效率高。

2. 工字梁定位装配

成批量装配工字梁时，可采用图2-20所示的简单胎卡具。装配时通过定位挡铁和垫铁确定工字梁翼板和腹板的定位位置，通过螺杆夹紧器固定其位置并经过直角尺检验进行定位焊。

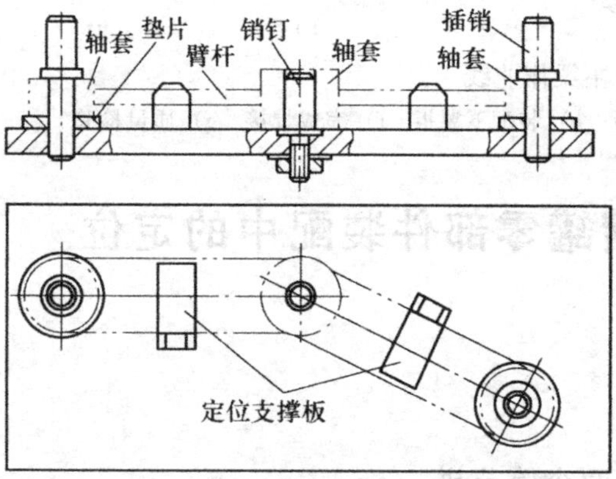

图2-19　双臂角杠杆的装配

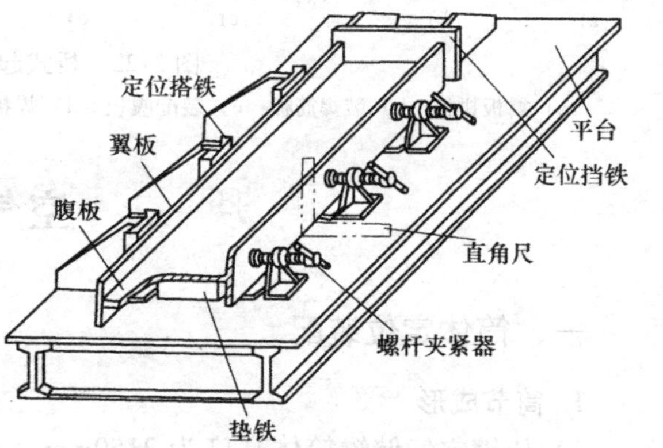

图2-20　工字梁胎卡具定位装配

六、固定式装配法

固定式装配是将产品或部件的全部装配工作安排在一处固定的工作地点进行。在装配过程中产品的位置不变，装配所需要的零件和部件都汇集在工作地点的附近，这种装配方法一般用在重型焊接结构产品或单件、小批量的生产中。

球罐的结构主要由赤道带、上下温带、上下极顶和柱脚组成。大型球罐在工作现场进行安装的过程如图2-21所示。

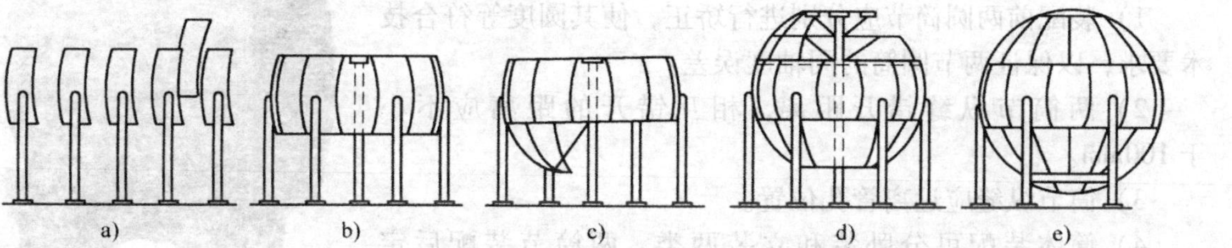

图2-21　球罐的固定式装配

a）装配柱脚　b）装配赤道　c）装配下温带　d）装配上温带　e）装配极顶

七、移动式装配法

移动式装配通常称为流水装配法，在装配过程中，产品或部件顺序地沿着一定的工作地点按一定的工序流程进行装配。移动装配时，产品或部件一般通过传送带、滚道或轨道上行走的小车来运送，使用专用设备或专用工具进行装配。移动式装配生产率高，装配质量好，生产成本低，适用于大批量生产。

桥式起重机主梁结构主要由上下翼板、两侧腹板和若干筋板组成。主梁的流水作业线如图 2-22 所示。

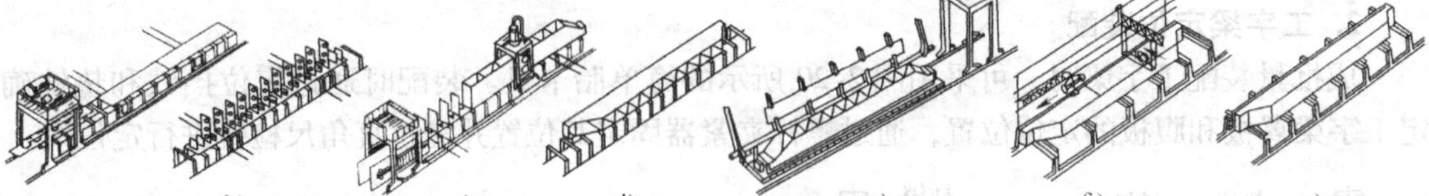

图 2-22　桥式起重机主梁作业线

a）翼板拼接　b）装焊筋板　c）装配腹板　d）焊接腹板　e）装配下翼板　f）完成焊接　g）质量检验

模块三　空气储罐零部件装配中的定位

一、筒体定位装配

1. 筒节成形

1）压缩空气储罐筒体高度为 2150mm，需要两个筒节拼接而成。两筒节的下料尺寸分别为 1500mm × 3169mm × 8mm 和 653mm × 3169mm × 8mm。

2）两筒节分别卷制成形，消除筒节卷制成形的缺陷，如板边搭头、间隙过大、两板边高低不平，等等。

3）两筒节纵缝对接处经检验和矫正合格后，施行定位焊固定并焊接。

4）两筒节内径 D_i = 1000mm，厚度 δ = 8mm，高分别为 1500mm 和 653mm，如图 2-23 所示。

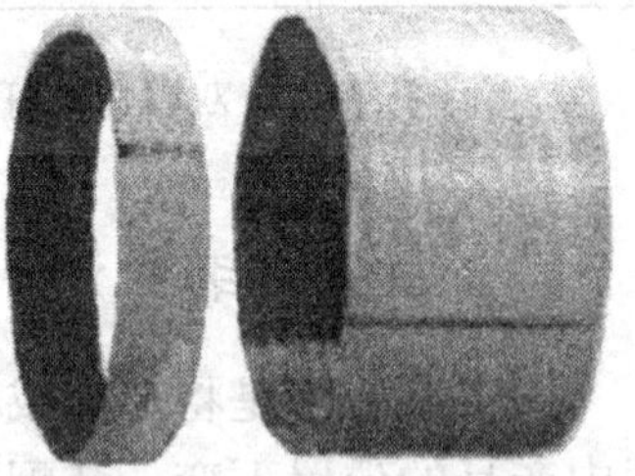

图 2-23　筒节成形

2. 定位装配

1）装配前两圆筒节应分别进行矫正，使其圆度等符合技术要求，以保证两节圆筒的同轴度误差。

2）两筒节纵缝错开距离，相互错开的距离应不小于 100mm。

3）筒节纵缝应远离管孔位置。

4）筒体装配可分卧装和立装两类，两筒节装配后定位焊。

5）装配后可在滚轮架上焊接，如图 2-24 所示。

图 2-24　筒体装配焊接

二、筒体与封头定位装配

1）筒体与封头装配前，应先在筒体上将人孔等接管按设计的位置尺寸割开。

2）封头与筒体装配要注意对缝处平齐，间隙均匀，如有装配缺陷可采用工装夹具调整。

3）容器内部若有零件安装，可先装配一端封头，完成内部零件的安装后再装配另一端封头。

封头与筒体的装配方法可根据结构情况选择立装或卧装。图 2-25 所示是一种封头与筒体的简易装配方法。利用起重机通过封头上的吊耳吊起封头送至筒体端部，经过对接口调整后利用“n 形马”横跨焊缝并定位焊固定。

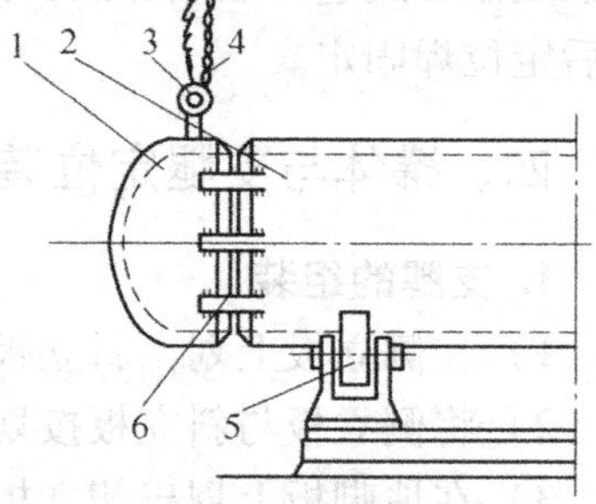

图 2-25　封头装配

1—封头　2—筒体　3—吊耳
4—吊钩　5—滚轮架　6—n 形马

三、罐体与人孔定位装配

1. 人孔的组装

2.0m^3 压缩空气储罐的人孔组合件属于 RF 型回转盖带颈平焊法兰人孔。该组合件由人孔接管、管口法兰、盖板、把手、密封圈、转臂、轴耳和固定连接螺栓等构成，图 2-26 所示是人孔组合件装配。

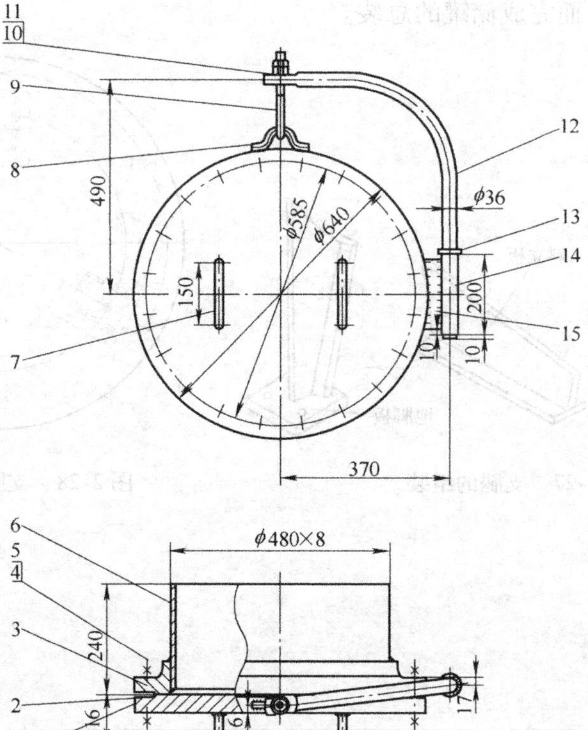

图 2-26　人孔组合件装配

1—法兰盖　2—垫片　3—法兰　4—螺栓　5、10—螺母　6—筒节　7—把手　8—吊环
9—吊钩　11—垫圈　12—转臂　13—环　14—无缝钢管　15—支承板

2. 定位装配

人孔采用划线定位法进行装配定位，首先罐体按图样要求划线开孔，为了提高开孔部位的强度需要通过补强圈补强，其次人孔组件与补强圈和罐体定位装配，人孔接管必须保持垂直后定位焊固定。

四、罐体与支腿定位装配

1. 支腿的组装

1）在侧立板上划出斜立板的位置线。

2）将侧立板与斜立板按划线装配定位，矫正其垂直度并定位焊固定。

3）在地脚板上划出侧立板、斜立坂的位置线。

4）将侧立板、斜立板与地脚板按划线装配定位，矫正其垂直度并定位焊固定。

5）焊接各条焊缝，完成支腿组合件。

支腿的组装过程如图 2-27 所示。

2. 定位装配

在装配平台上按图样给定的位置、尺寸固定三个支腿，并检验三块地脚板的平面度、位置及尺寸，当确认无误时，再吊起储罐置于三个支腿上。

图 2-28 所示是压缩空气储罐三个支腿与封头定位装配的位置线，以封头曲面轮廓为基准，修整三个支腿上部的结合线，并调整储罐的垂直度和接管方向及尺寸，矫正后实施定位焊固定并进行焊接，从而完成储罐的总装。

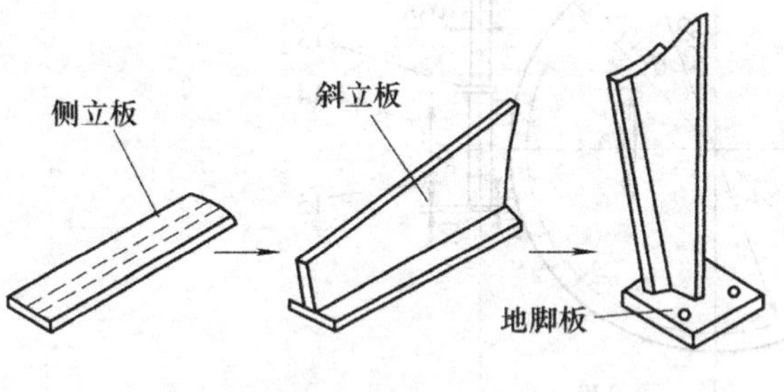

图 2-27　支腿的组装

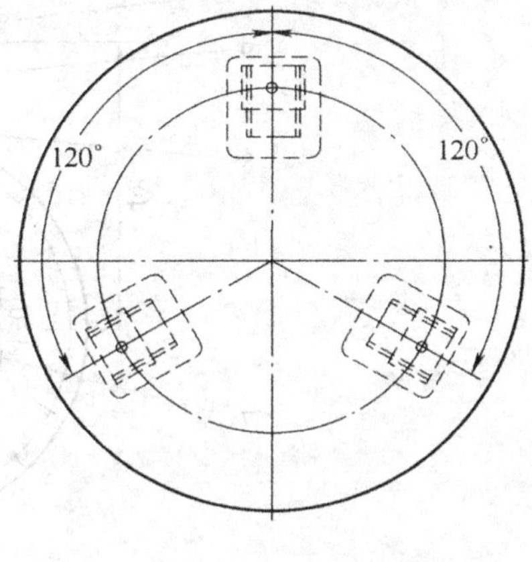

图 2-28　支腿的定位装配

第三单元

装配中的夹紧

利用某种施力元件或机构使焊件达到并保持预定位置的操作称为夹紧。用于夹紧操作的元件或机构称为夹紧器或夹紧机构。夹紧器是装配焊接夹具中最重要的组成部分。对夹紧器的基本要求包括以下几个方面：

1）夹紧作用准确，处于夹紧状态时应能保持自锁，保证夹紧定位的安全可靠。

2）夹紧动作迅速，操作方便省力，夹紧时不应损坏焊件表面质量。

3）应具备一定的刚性和强度，夹紧作用力应是可调节的。

4）结构力求简单，便于制造和维修。

模块一 常用夹紧器及应用

夹紧器对零部件的紧固方式有夹紧、压紧、拉紧、顶紧（或撑开）四种，如图 3-1 所示。

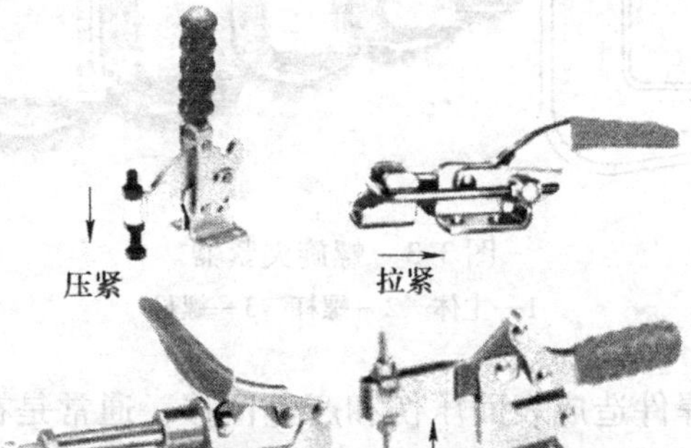

图 3-1 装配夹具的夹紧方式

夹紧器按其夹紧力的来源，可分为手动夹具和非手动夹具两大类。手动夹具包括螺旋夹具、楔条夹具、杠杆夹具、偏心夹具等；非手动夹具包括气动夹具、液压夹具、磁力夹具等。

焊接结构零部件的夹紧应考虑的因素有夹紧力的大小、方向和作用点。

一、手动夹具

1. 斜楔夹紧器

斜楔夹紧器主要通过斜面的移动所产生的压力夹紧焊件。图 3-2 所示是斜楔夹紧器工作示意图。为了保证斜楔稳定的工作状态，手动（锤击）夹紧时一般取斜楔升角 $\alpha=6°\sim8°$，当斜楔动力源由气压或液压提供时，可扩大斜楔升角$\alpha=15°\sim30°$。适当加大斜楔升角和制成双斜面斜楔，可减小夹紧时斜楔的行程，提高生产效率。

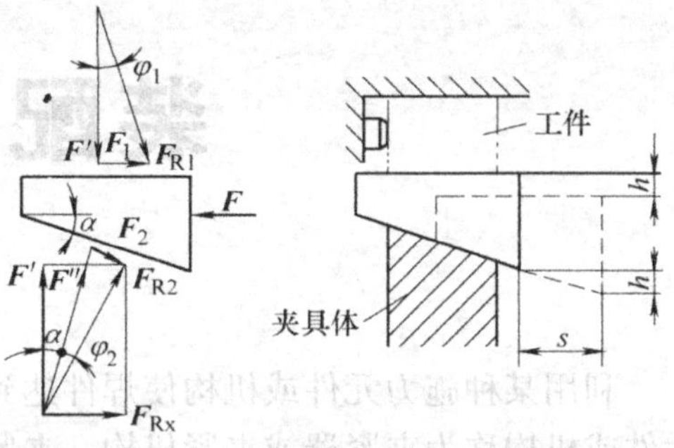

图 3-2　斜楔夹紧器的工作原理

斜楔夹紧器结构简单，易于制造，既可独立使用又能与其他机构如气压或液压等动力源联合使用。手动斜楔夹紧力不大，效率较低，多用于单件小批生产或在现场大型金属结构的装配与焊接。

2. 螺旋夹紧器

螺旋夹紧器一般由螺杆、螺母和主体三部分组成，如图 3-3 所示，通过螺杆与螺母的相对旋动达到夹紧工件的目的。

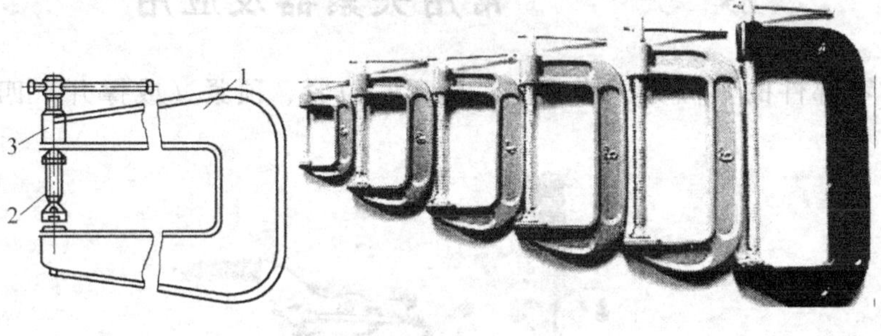
图 3-3　螺旋夹紧器

1—主体　2—螺杆　3—螺母

为避免螺杆直接压紧焊件造成表面压伤和产生位移，通常是在螺杆的端部装有可以摆动的压块。图 3-4 所示是常用摆动压块的结构形式。图 3-4a 所示压块端面光滑，用来夹紧已加工表面；图 3-4b 所示压块端面带有齿纹，用于比较粗糙的零件表面。压块与螺杆间采用螺纹或钢丝挡圈略微活动的联接方式，如图 3-3c 和图 3-3d 所示。

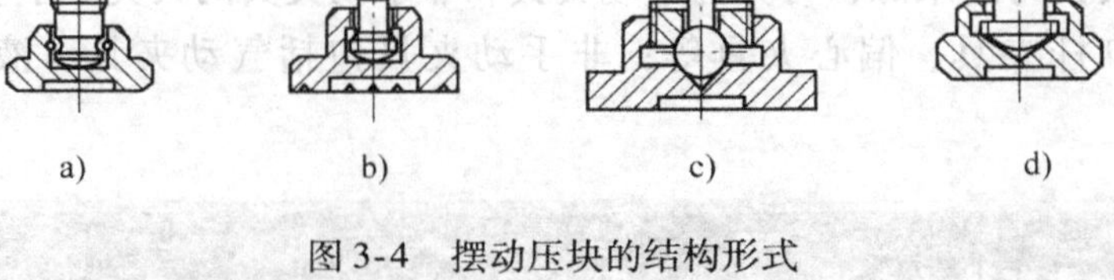
a)　b)　c)　d)

图 3-4　摆动压块的结构形式

图 3-5 所示是螺旋夹紧器在焊接生产中的实际应用。

螺旋夹紧器的动作较慢（每转一圈前进一个螺距），辅助时间长，工作效率不高。图 3-6 所示是几种快速螺旋夹紧器的结构形式。图 3-6a 所示是旋转式螺旋夹紧器，特点是夹紧机构的横臂可以绕转轴进行旋转，便于快速装卸焊件。图 3-6b 所示是铰接式螺旋夹紧器，特点是夹紧主体可以绕铰接点旋转到夹具体下面，焊件可以顺利装卸，螺旋的行程可根据焊件的厚度和夹紧装置确定。图 3-6c 所示是快撤式螺旋夹紧器，螺母套筒 1 不是直接固定在主体 4 上，而是以它外圆的 L 形槽沿着主体上的定位销 3 来回移动，焊件装入后推动手柄 2 使螺母套筒 1 连同螺栓 5 快速接近被焊工件。转动手柄使定位销 3 进入螺母套筒的圆周槽内，螺母不能轴向移动，再旋转螺栓便可夹紧焊件，卸下焊件时，只要稍松螺栓，再用手柄转动螺母套筒销钉进入螺母套筒外圆的直槽位置，便可快速撤回螺栓，取出焊件。螺旋夹紧器的螺母容易磨损，一般做得较厚，还可以设计成螺母套筒固定在主体上的结构形式。

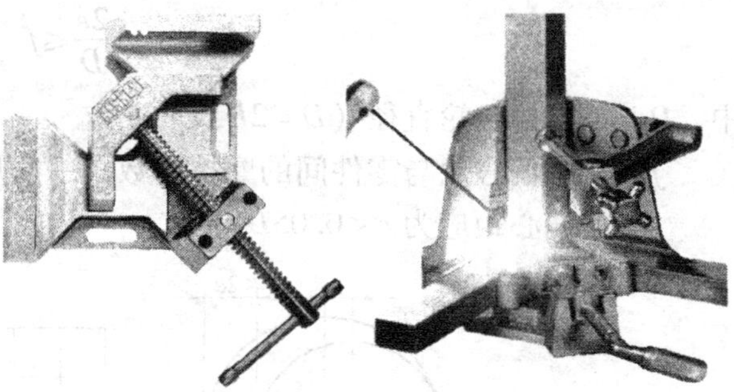

图 3-5 螺旋夹紧器的应用

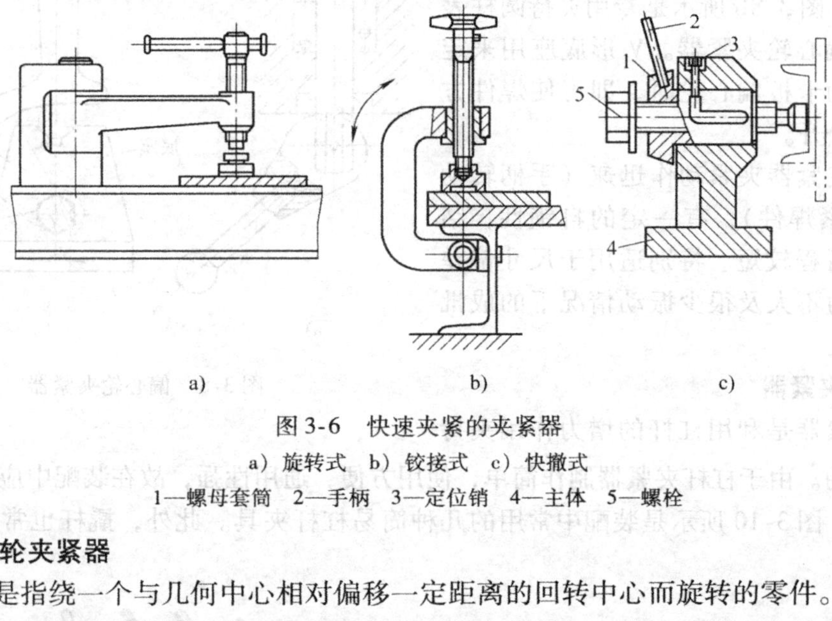

a) b) c)

图 3-6 快速夹紧的夹紧器

a）旋转式 b）铰接式 c）快撤式

1—螺母套筒 2—手柄 3—定位销 4—主体 5—螺栓

3. 偏心轮夹紧器

偏心轮是指绕一个与几何中心相对偏移一定距离的回转中心而旋转的零件。偏心轮夹紧器是由偏心轮或凸轮的自锁性能来实现夹紧作用的夹紧装置。常见的偏心轮有两种：圆偏心轮和曲线偏心轮。曲线偏心轮的外轮廓为一螺旋线，制造麻烦，很少采用；圆偏心轮应用较多，图 3-7 所示是其结构性示意图。O_1 是圆偏心轮的几何中心，R 是圆半径；O 是圆偏心轮的回转中心，R_0 是最小回转半径；两中心的距离为 e，即 $e=R-R_0$。当圆偏心轮绕 O 点回转时，外圆上与焊件接触的各点到 O 点的距离逐渐增加，增加的部分相当于一个弧形楔，回转时依靠弧形楔卡紧在半径为 R_0 的圆与焊件被压表面之间，将焊件夹紧。可见，圆偏心轮工作表面的升角（即斜楔的斜角）是变化的，按图中位置在转动 90°时升角最大，此时，偏心距为 $2e$。要求偏心轮在任何位置都能自锁的条件是

$$\frac{2e}{D} \leqslant f$$

式中　D——圆偏心轮直径（$D=2R$）；

f——圆偏心轮与零件间的摩擦因数，一般取0.1～0.15；生产中多采用0.15，此时，偏心距应为 $e<0.05D$。

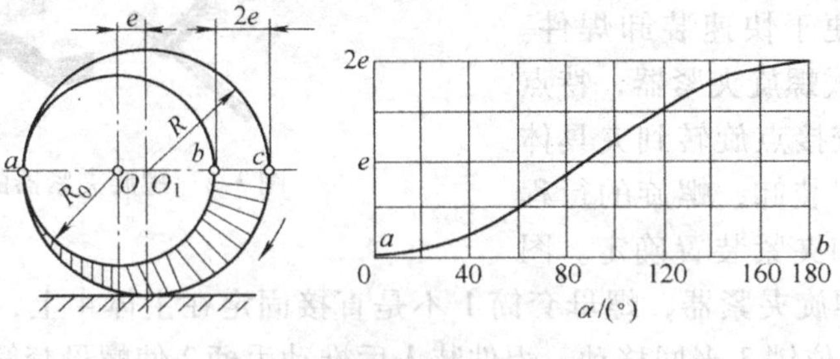

图 3-7　圆偏心轮的工作特性

图 3-8a 所示是具有弹簧自动复位装置的偏心轮夹紧器，钩形压头靠转动偏心夹紧作用固定焊件，松脱时依靠弹簧使钩形压头离开焊件复位。图 3-8b 所示是专用夹持圆柱表面和管子的偏心轮夹紧器。V 形底座用来定位管件，转动卡板偏心轮时，即可使焊件方便地卡紧和松开。

偏心轮夹紧器夹紧动作迅速（手柄转动一次即可夹紧焊件），有一定的自锁性，结构简单，但行程较短。特别适用于尺寸偏差较小、夹紧力不大及很少振动情况下的成批大量生产。

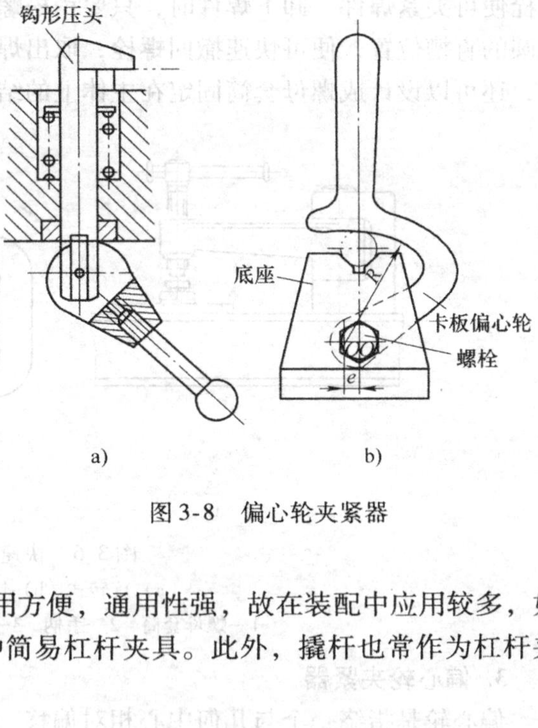

图 3-8　偏心轮夹紧器

4. 杠杆夹紧器

杠杆夹紧器是利用杠杆的增力作用夹持或压紧零件的。由于杠杆夹紧器制作简单，使用方便，通用性强，故在装配中应用较多，如图 3-9 所示。图 3-10 所示是装配中常用的几种简易杠杆夹具。此外，撬杆也常作为杠杆夹具使用。

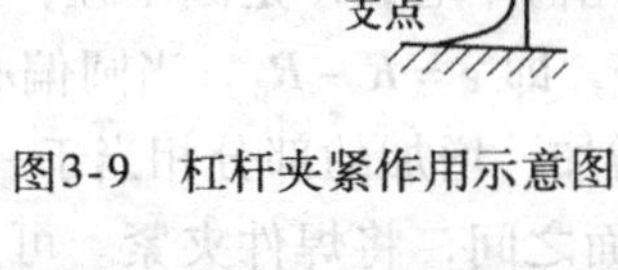

图3-9　杠杆夹紧作用示意图

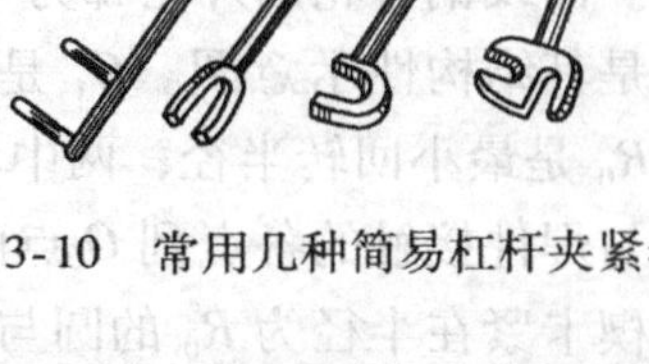

图 3-10　常用几种简易杠杆夹紧器

杠杆夹紧器的夹紧动作迅速，而且通过改变杠杆的支点和力点的位置，可起到增力的作用。杠杆夹紧器自锁能力较差，受振动时易松开，所以常采用气压或液压作为夹紧动力源或与其他具有自锁性的夹紧元件组成复合夹紧机构。图 3-11 所示是螺旋-杠杆夹紧器，图3-12 所示为偏心轮-杠杆夹紧器，图 3-13 所示为铰链-杠杆夹紧器。

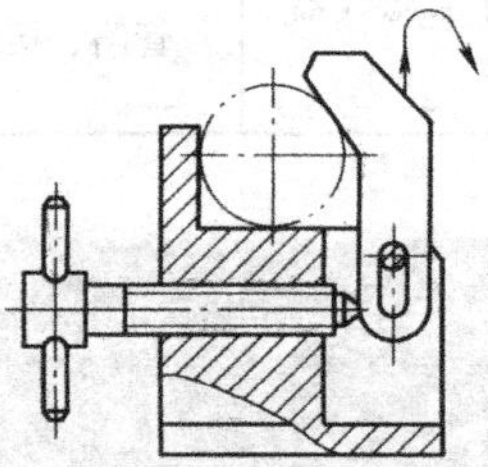

图 3-11　螺旋-杠杆夹紧器

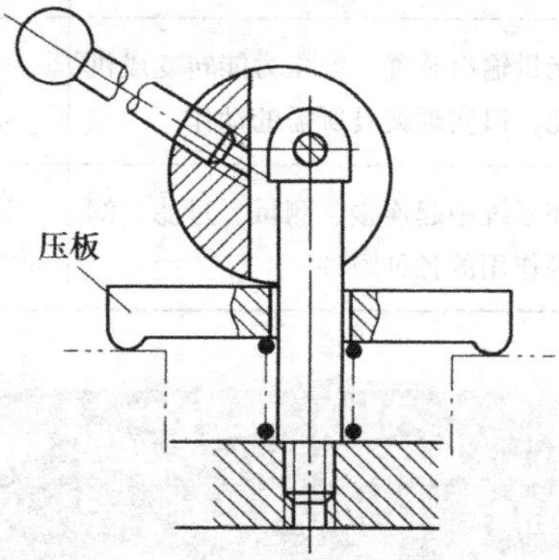

图 3-12　偏心轮-杠杆夹紧器

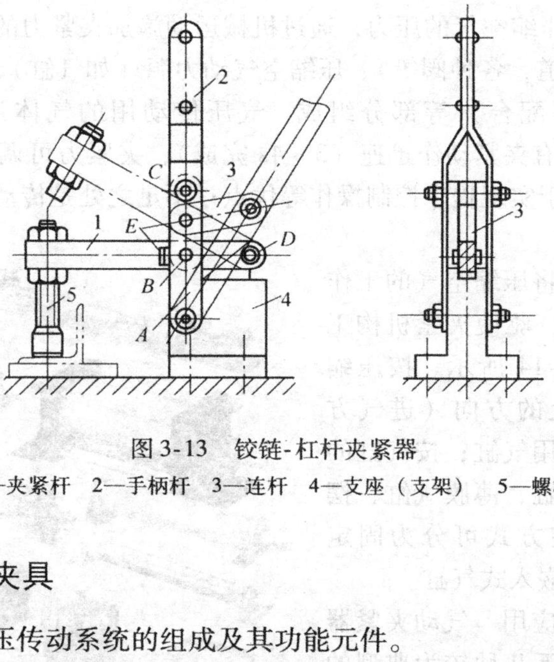

图 3-13　铰链-杠杆夹紧器

1—夹紧杆　2—手柄杆　3—连杆　4—支座（支架）　5—螺杆

二、气动、液压夹具

表 3-1 是气压与液压传动系统的组成及其功能元件。

表 3-1　气压与液压传动系统的组成及其功能元件

组　成	功　能	实现功能的常用元件	
		气 压 传 动	液 压 传 动
动力部分	气压或液压发生装置，把电能、机械能转换成压力能	空气压缩机	液泵、液压增压器等
控制部分	能量控制装置，用于控制和调节流体压力、流量和方向，以满足夹具动作和性能要求	压力阀、流量阀、方向阀等	方向阀、稳压阀、溢流阀、过载保护阀等

（续）

组　成	功　能	实现功能的常用元件	
		气压传动	液压传动
执行部分	能量输出装置，把压力能转变成机械能，以实现夹具所需的动作	气缸、软管	液压缸
辅助部分	在系统中起连接、测量、过滤、润滑等作用的各种附件	管路、接头、分水滤气器、油雾器、消声器等	管路、接头、油箱、蓄能器等

企业中一般建有空气压缩机站，将压缩的空气输送到储罐中，再通过管道输送到各个使用的单位或工作场所，方便快捷。

1. 气动夹紧器

气动夹紧器是利用压缩空气的压力，通过机械运动施加夹紧力的夹紧装置。气动夹紧器由气体供应系统（如管道、各种阀等）、压缩空气动力源（如气缸）、夹紧机构（通过杠杆、楔、斜槽和气动夹紧器配合）等部分组成。气压传动用的气体工作压力一般为0.4～0.6MPa。气动夹紧器具有夹紧动作迅速（3～4s完成），夹紧力可调节，结构简单，操作方便，不污染环境及有利于实现程序控制操作等优点；不足之处是传动不够平稳，夹紧刚性较低，气缸尺寸较大等。

（1）气缸　气缸是将压缩空气的工作压力转换为活塞的移动，驱使夹紧机构工作的执行元件，如图3-14所示。按压缩空气作用在活塞端面上的方向（进气方式）分为单作用和双作用气缸；按气缸的结构特点分为活塞式气缸、薄膜气缸、摆动气缸；按气缸的安装方式可分为固定式、轴销式、回转式、嵌入式气缸。

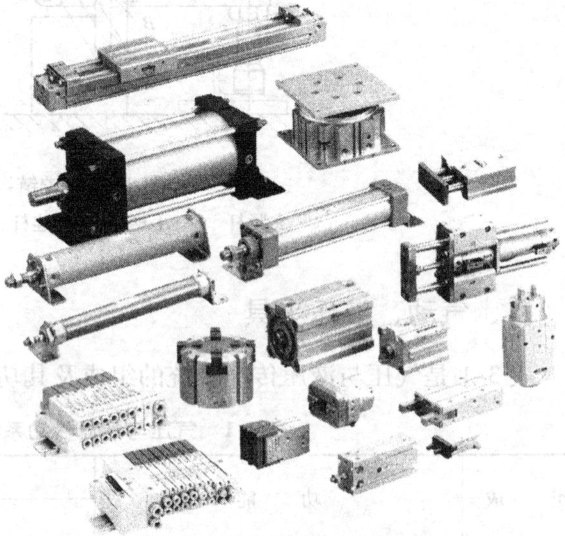
图3-14　气压缸系列

（2）气动夹紧器的应用　气动夹紧器结构类型很多，列举以下几种较为典型的示例，供选用时参考。

1）气动斜楔夹紧器。图3-15所示是气缸通过斜楔进一步增力后实现夹紧作用的机构。该机构增力比较大，可自锁，但夹紧行程小，机械效率低，其夹紧力即为气缸推力。

2）气动杠杆夹紧器。图3-16所示是气缸通过杠杆进一步增力或减力后实现夹紧作用的机构。该机构形式多样，适用范围广，在装焊生产线上应用较多。

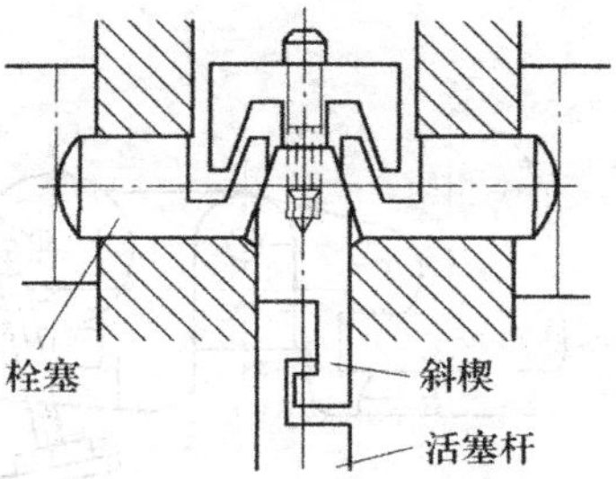

图 3-15　气动斜楔夹紧器

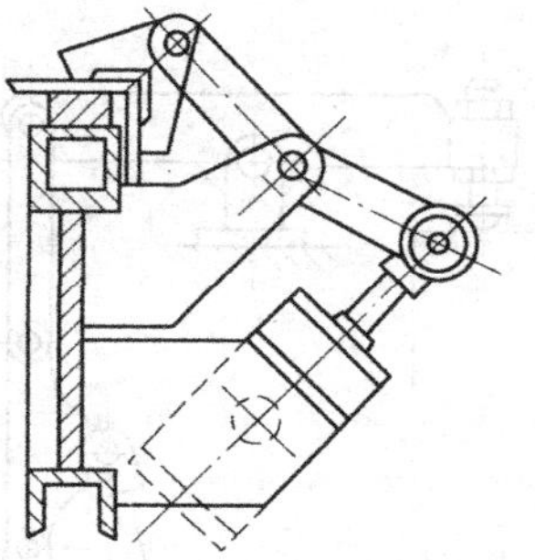
图 3-16　气动杠杆夹紧器

3）气动斜楔-杠杆夹紧器。如图 3-17 所示，夹紧器的气缸通过斜楔增力后，再经杠杆进一步增力或减力，实现夹紧作用。该机构形式多样，能自锁，省能源，在装焊作业中应用较广泛。

4）气动铰链-杠杆夹紧器。如图 3-18 所示，夹紧器的气缸首先通过铰链连接板的扩力，再经杠杆进一步增力或减力后，实现夹紧作用。该机构增力比大，机械效率高，夹头开度大，一般不具备自锁性能，多用于动作频繁、夹紧速度快、大批量生产的场合。

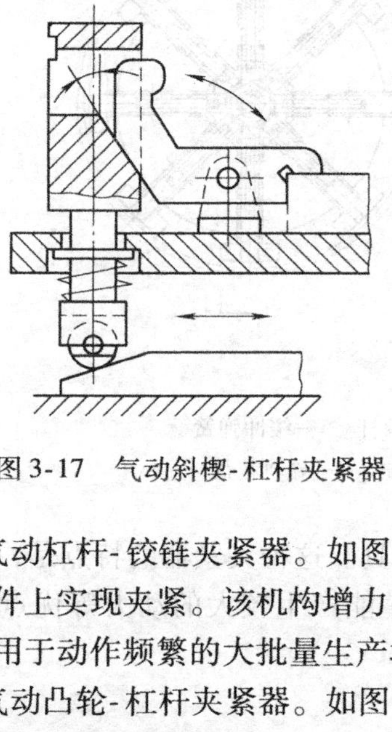
图 3-17　气动斜楔-杠杆夹紧器

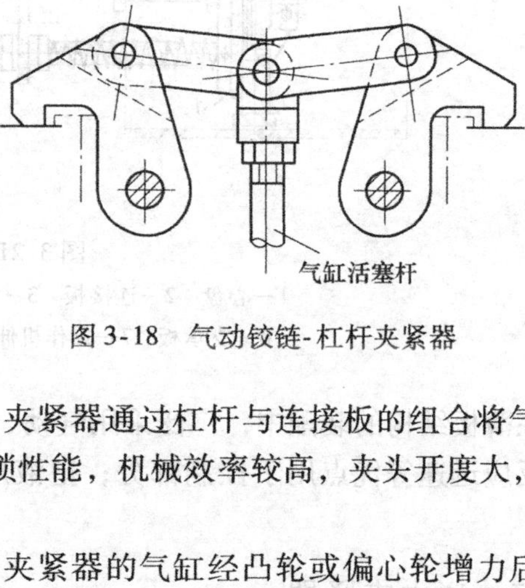

图 3-18　气动铰链-杠杆夹紧器

5）气动杠杆-铰链夹紧器。如图 3-19 所示，夹紧器通过杠杆与连接板的组合将气缸力传递到厚件上实现夹紧。该机构增力比大，有自锁性能，机械效率较高，夹头开度大，形式多样，多用于动作频繁的大批量生产场合。

6）气动凸轮-杠杆夹紧器。如图 3-20 所示，夹紧器的气缸经凸轮或偏心轮增力后，再经杠杆增力或减力夹紧焊件。该机构有自锁性能，增力比大，但夹头开度小，夹紧行程不大，在装焊作业中应用较少。

2. 液压夹紧器

液压夹紧器的传动系统由油箱、过滤网、电动机、液压泵、压力表、单向阀、换向阀、液压缸等基本部件组成，工作原理和工作方式与气压夹紧器相似，只是采用高压液体代替压缩空气。液压传动用的液体工作压力一般在 3 ~ 7MPa，具有结构紧凑，夹紧力大且工作平稳等优点，但液压系统结构复杂，制造精度要求高，成本较高。图 3-21 所示是液压撑圆器，适用于厚壁筒体的对接、矫正及撑圆装配。

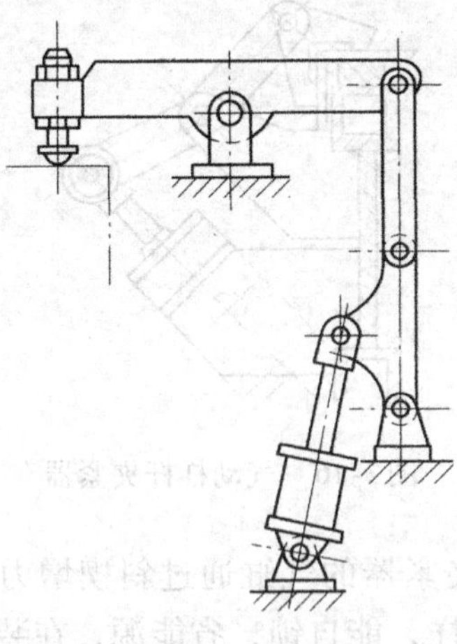

图 3-19　气动杠杆-铰链夹紧器

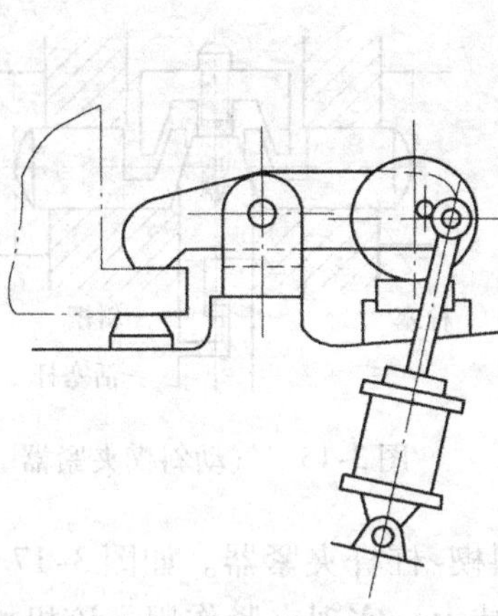

图 3-20　气动凸轮-杠杆夹紧器

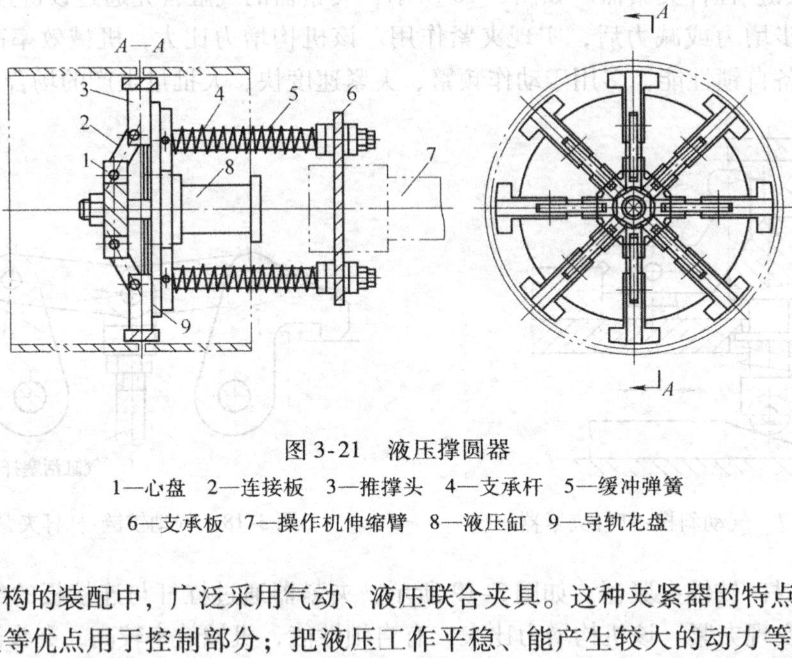

图 3-21　液压撑圆器

1—心盘　2—连接板　3—推撑头　4—支承杆　5—缓冲弹簧

6—支承板　7—操作机伸缩臂　8—液压缸　9—导轨花盘

在薄板结构的装配中，广泛采用气动、液压联合夹具。这种夹紧器的特点是，把气动灵敏、反应迅速等优点用于控制部分；把液压工作平稳、能产生较大的动力等优点用于驱动部分。

三、磁力夹紧器

磁力夹紧器主要靠磁力吸紧工件来实现夹紧的装置，按磁力的来源可分为永磁式和电磁式两种类型，应用较多的是电磁式磁力夹紧器。磁力夹紧器操作简便，而且对工作表面质量无影响，但其夹紧力通常不是很大。图 3-22 所示为磁力夹紧器的几种应用形式。

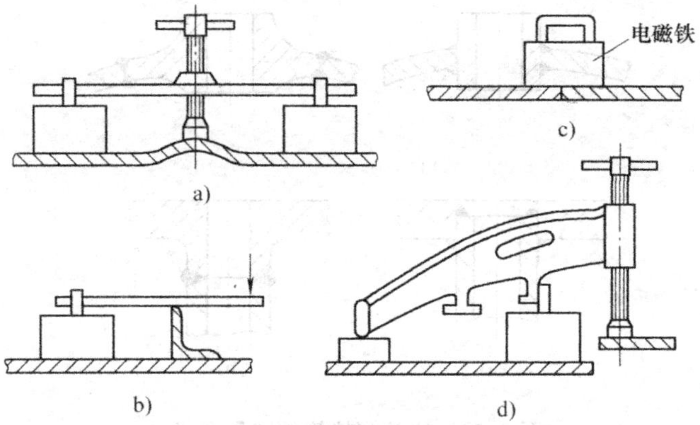

图 3-22　磁力夹紧器及其应用

模块二　空气储罐零部件的装配夹紧

一、筒节的装配夹紧

在筒节的对接过程中，由于筒节在制作过程中很难保证筒节端面是标准的圆筒，一般都有一些椭圆现象，当筒节对接时就会出现错边，通常使用斜楔夹紧器（或螺旋夹紧器）解决错边的问题。当筒节对接出现错边时，将斜楔夹紧器（或螺旋夹紧器）固定在离筒体中心线较近的筒节的端面上，然后在另外的筒节上用斜楔（螺旋），通过外力 F 的作用将两筒节对齐，消除错边，如图 3-23 所示。

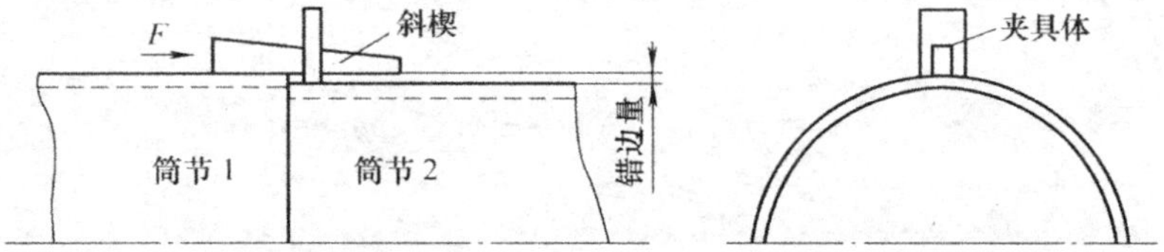

图 3-23　筒体立装对接

二、法兰与接管的装配夹紧

法兰与接管的装配根据法兰形式的不同，可分为插入式和对接式，如图 3-24 所示。插入式即将接管插入法兰内圆内进行装配，是常用的一种方式。插入式装配要注意法兰的连接面与接管的垂直度。装配时先将法兰水平放置，然后将加工好的接管插入法兰，留好焊角尺寸，用直角尺测量接管与法兰的垂直度，定位焊加固并焊接。对接式一般是指高颈法兰与接管进行装配，这种方式常见于中高压容器。对接式高颈法兰与接管进行装配时，同样要保证法兰的连接面与接管的垂直度，如果直径较大时，接管的直径与法兰拉口出现错边时，可以采用斜楔夹紧器（或螺旋夹紧器）进行校正。

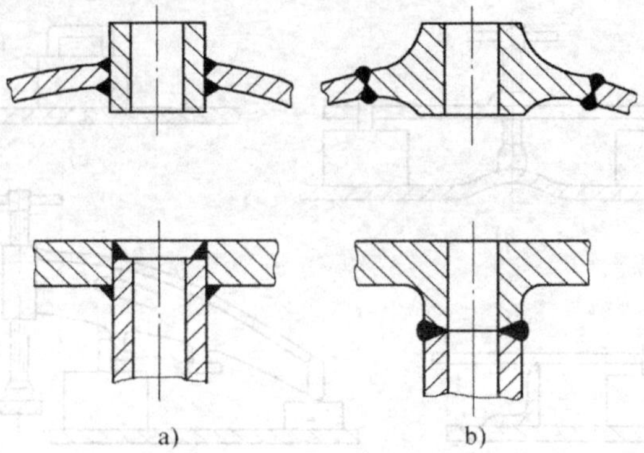

图 3-24　法兰与接管的装配形式

a）插入式　b）对接式

三、筒体与封头的装配夹紧

在筒体与封头的对接过程中，也同样由于筒体、封头的椭圆现象造成对接时出现错边现象。处理筒体与封头对接出现的错边问题和处理筒节对接出现的错边问题的方法一样，一般都会使用斜楔（或螺旋）夹紧器。

四、接管与筒体或封头的装配夹紧

接管与筒体或封头的装配一般是接管垂直筒体中心线或平行封头中心线。装配时将加工好的接管插入筒体或封头，用直角尺测量接管与筒体或封头的垂直度，定位焊加固并焊接。

第四单元

装配中的测量

测量是检验焊接零部件装配质量的一个重要工序。装配中的测量项目主要有线性尺寸、平行度、垂直度、同轴度及角度等。

模块一　测量工具及仪器

一、常用测量工具

1. 金属直尺

金属直尺用于测量长度和划短直线。其规格有150mm、300mm、500mm、600mm、1000mm、1500mm、2000mm等，最高测量精度为0.5mm。

2. 钢卷尺

钢卷尺用于大尺寸的测量，携带方便，测量精度比金属直尺低。钢卷尺有自卷式和摇卷式两种。自卷式的长度规格有1m、2m、3m、3.5m、5m等，摇卷式的长度规格有5m、10m、20m、30m、50m和100m等。

3. 直角尺

直角尺主要用于检验工件的垂直度，也可用于划垂直线，是一种定值的角度量具。直角尺常用作画平行线或垂直线的导向工具，也是判断工件相邻两面是否垂直一种定值的角度量具。直角尺一般由尺苗（长边）和尺座（短边）两部分组成。

使用直角尺时应注意以下几点：

1）使用直角尺前应检查角尺各边、各面有无碰伤、毛刺或变形。

2）直角尺在平台上不允许倒放。

3）所使用的直角尺应在方箱和平板上校对。

4. 万能角度尺

万能角度尺用来测量装配构件的角度尺寸，按结构不同分为游标、带表和数显万能角度尺。使用万能角度尺检查工件角度尺寸之前，应把工件被检查处的毛刺、污物等清理干净，才能保证被检测角度的准确性。

测量常用工具如图4-1所示。

a)　　b)　　c)　　d)

图 4-1　测量常用工具

a）金属直尺　b）钢卷尺　c）直角尺　d）Ⅰ型游标万能角度尺

二、常用测量仪器

水平仪是用来测量相对于水平或铅垂位置微小倾斜角度的一种通用角度测量器具。在焊接结构的生产与安装过程中，水平仪常用来校正装配件基准的安装水平度，测量其平直度以及零件相对位置的平行度和垂直度等误差。常用的水平仪有条式水平仪、框式水平仪、合像水平仪、电子水平仪等。

（1）条式水平仪　条式水平仪主要用来检验机械装配的水平位置，如图 4-2 所示。当水平仪放在标准的水平位置时，其内部的水准泡正好在中间位置。当被测平面稍有倾斜，其内部的水准泡就会向高处移动，在水平仪的刻度上便可读出相应的分度值。水平仪的精度是以气泡移动 1 格时表面倾斜的角度，或表面在 1m 内倾斜的高度差来表示的。刻度值为 0.02mm/m，即气泡每移动 1 格，被测长度 1m 的两端高低相差为 0.02mm。

（2）框式水平仪　框式水平仪的用途比条式水平仪广泛。它不仅可以检查安装机械的水平位置，而且还能测量和校正机械零、部件位置的垂直度。它有四个相互垂直并都是工作面的平面和纵向、横向两组水平仪，如图 4-3 所示。

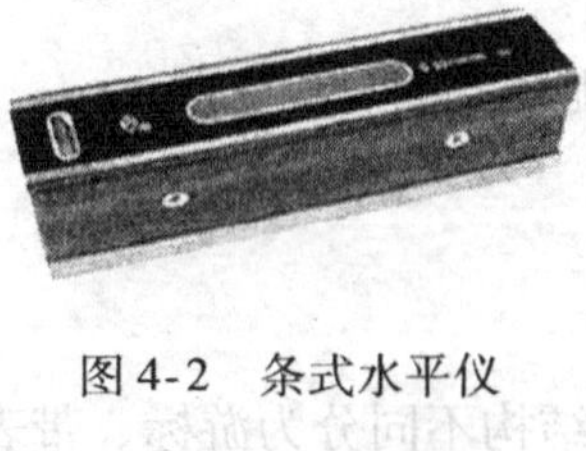

图 4-2　条式水平仪

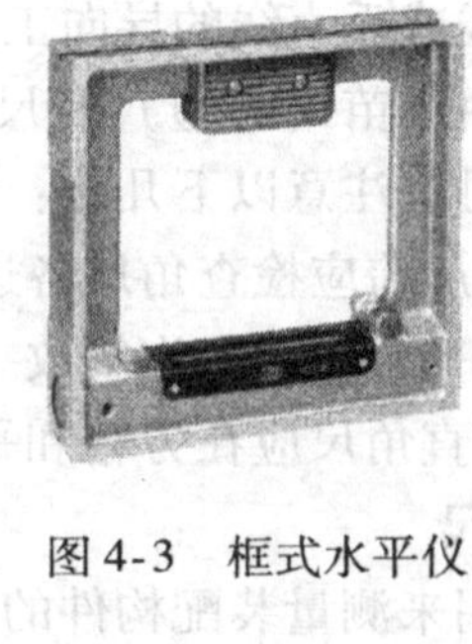

图 4-3　框式水平仪

常用框式水平仪的平面长度为 200mm。因此当精度为 0.02mm/m 时，200mm 长度两端的高度差为 0.004mm，也就是气泡移动 1 格的值。

框式水平仪使用时，可通过下式计算确定零件表面的实际倾斜值。被测工件的实际倾斜值 = 刻度示值 × 被测工件的长度 × 偏差格数。

例：刻度示值为 0.02mm/m，被测工件长度为 200mm，偏差格数为 2 格，则其实际倾斜值为 $0.02\text{mm}/1000\text{mm} \times 200\text{mm} \times 2 = 0.008\text{mm}$。

（3）合像水平仪　合像水平仪如图4-4所示，由于采用了将水准气泡调平、双像复合、透镜放大和机械测微机构，从而提高了水平仪的测量范围和测量精度，加上其玻璃管的曲率半径小，气泡的稳定快，所需时间短，使测量更简捷，容易操作。合像水平仪的测量范围可达到±10mm/m，测量精度可达0.01mm/m。

（4）电子水平仪　电子水平仪是将微小角位移转变成电信号，经放大后由指示器读数的一种角度量仪。其测量范围比一般水平仪大，所需稳定时间短，且可作远距离操作。

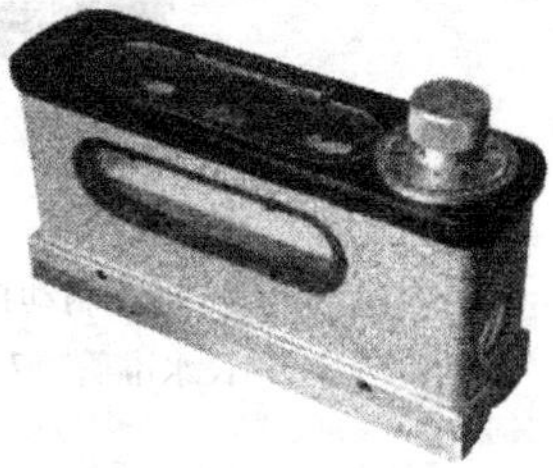

图4-4　合像水平仪

水平仪在使用中应注意轻拿轻放，不得在被测表面上推来推去，更不应随被测工件移动；操作时，应避免触摸气泡玻璃管，也不得对着气泡呼气；测量时，应将水平仪均匀用力紧靠在干净的测量面上，读数时视线应垂直对准气泡玻璃管，以免出现偏差；读数应为正、反多次测量的平均值；水平仪不要在强烈阳光下使用，水平仪与被测件应尽量在同温下使用。

三、量具维护与保养的一般常识

1）量具在使用前，必须用洁净的棉纱将量具擦拭干净。

2）禁止使用精密量具对粗糙表面的毛坯或锈蚀工件以及温度较高的工件进行测量。

3）不能用量具测量正在转动的工件。

4）量具使用时，要轻拿、轻放，避免量具与其他物件碰撞；测量时，推拉要轻而慢，不可用力过大和过猛。

5）使用完量具，应放回到安全的地方，并摆放整齐，禁止堆压在一起。

6）量具使用完毕，应擦拭干净，再涂油并放回专用的盒子里。

7）应经常对量具进行清洗和涂油。

8）量具的放置地点应通风干燥，严防受潮和锈蚀。

为了保持量具的测量精度，延长其使用寿命，在日常使用和保管时，必须做好量具的维护和保养工作。

四、专用检测工具

1. 水准仪

（1）水准仪的构造与工作原理　水准仪在检修与安装中常用来测定机器、设备的基础标高。水准仪主要由望远镜制动扳手、望远镜微动螺栓、微倾螺旋、对光螺旋、地脚螺旋、长水准管、长水准管校正螺钉、圆水准器、长水准管的气泡观察孔、目镜、瞄准器等组成，如图4-5所示。

当用水准仪测定基础的标高时，先将水准仪安装在三角架上，将三角架的顶面初步放平，转动地脚螺旋使圆水准器的圆气泡居中，如图4-6所示。具体方法是：先相对转动两个地脚螺旋，使圆水准器的水准气泡移向两脚螺旋的中间位置，再转动第三个地脚螺旋，使气

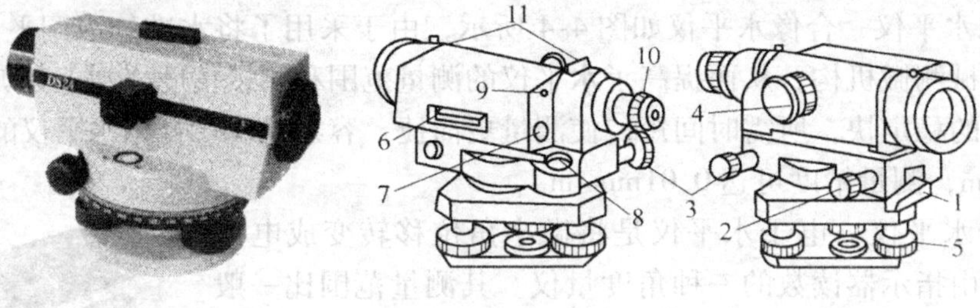

图 4-5 水准仪

1—制动扳手 2—微动螺旋 3—微倾螺旋 4—对光螺旋 5—地脚螺旋
6—长水准管 7—校正螺钉 8—圆水准器 9—长气泡观察孔 10—目镜 11—瞄准器

泡移向两脚螺旋的中间位置，再转动第三个地脚螺旋，使气泡移到圆水准器的中心，反复调整使气泡居中。经初平后，再从长水准管的气泡观察孔观看水准气泡，同时右手转动微倾螺旋，使气泡两端的像吻合，以达到精平。

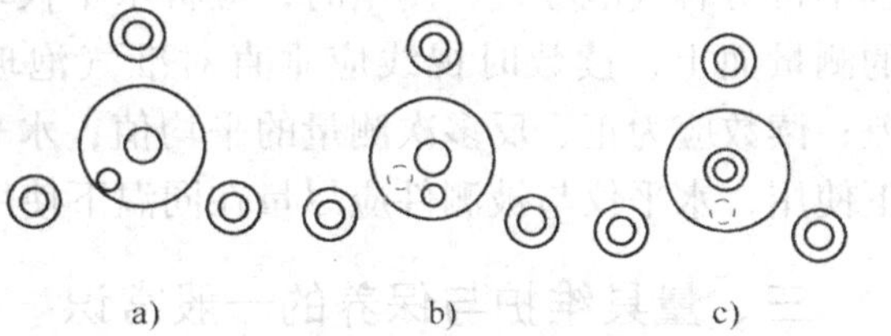

图 4-6 圆气泡整平方法

开始的瞄准工作要经历粗瞄、对光、精瞄的过程，同时应注意消除视差。使望远镜十字丝纵丝对准标尺的中央。根据望远镜视场中十字丝横丝所截取的标尺刻划，读取该刻划的数字。读数时应从上到下地读出米、分米、厘米及估读的毫米共 4 个数。读后还应检查长水准管气泡是否居中，如不居中时，应重新精平后再读数。

（2）水准仪的检验与校正 由于长期使用或运输中的振动等原因，常使水准仪的测量误差增大，为获得准确可靠的测量数据，应对水准仪进行定期检验校正。

1）圆水准器的检验校正。旋动地脚螺旋使圆气泡居中，然后将仪器旋转 180°，若气泡偏出了圆水准器的中心，就应校正圆水准器。方法是：用校正针拨动圆水准器的校正螺钉，使气泡向圆水准器中心移动偏离距离值的一半，其余一半用地脚螺旋使气泡居中，反复检验校正直至合格为止。

2）横丝的检验校正。将仪器精平后，先用横丝的一端瞄准某一明显目标，固定制动螺旋，慢旋微动螺旋，若在望远镜中看到目标能始终沿横丝移动时，说明横丝水平，否则应校正十字环。校正十字环的方法是：可用小螺钉旋具松开十字丝环（十字丝分划板的校正螺钉），微旋十字丝环调整直至符合要求为止。

3）图 4-7 是用划线法校正水准仪，选择一个长 60m 左右的围墙面，将仪器置于墙面中部附近，调整气泡居中后，用望远镜中的水平十字丝在墙面等距的两端分别划出标高相等的 a 和 b 两条水平线，然后将仪器挪至墙的一头，离墙边 3 ~4m 远，使气泡居中后，再于两头的墙面上分别划出水平丝的位置 a' 和 b'，而且 a' 和 a 线、b' 和 b 线要分别划在同一竖直线上。若 $aa' = bb'$，则说明仪器是准确的，即长水准管的轴中心线平行于望远镜的视准轴线；若不相等，就要校正长水准管。方法是：在离水准仪较远的一端墙面上用小尺子量出一段 bc 等于 aa' 的距离，并用红铅笔在墙上 c 点处划出水平横线；用

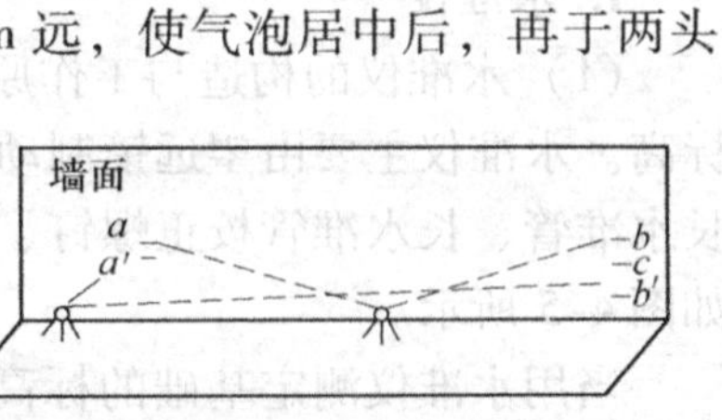

图 4-7 用划线法校正水准仪

微倾螺旋使仪器的水平丝对准墙面上的 c 划线，此时气泡已不居中，用校正拨针拨动长水准管的校正螺钉，使长气泡居中。此项校正应重点进行，直至 aa' 与 bb' 之差不超过 5mm 为止。

（3）水准仪的使用与维护

1）从仪器箱提取仪器时，应先松开制动螺旋，用双手握住仪器支架或基座，轻拿轻放，严禁只抓住望远镜取出。

2）仪器装在三角架上时，应一手握住仪器，一手拧连接螺旋，直至拧紧，保证安装牢固稳定。

3）仪器镜头上的灰尘、污痕只能用软毛刷和镜头纸轻轻擦去。不能用手指或其他物品擦，以免磨坏镜面。

4）调整仪器时用力要适当，制动螺旋未松开时不能用力旋动仪器或望远镜。

5）户外作业时，应用撑伞遮护，避免强烈阳光曝晒。

6）远距离运仪器时，仪器应装箱运送，最好垫以软垫料以减缓振动。

7）仪器使用完毕，应擦拭干净，并避免手摸镜头；仪器应放于箱内特定位置，并置于干燥通风处；箱内的干燥剂应定期更换处理。

2. 经纬仪

（1）经纬仪的构造及工作原理　经纬仪主要供空间定位用，可分为大地测量用光学经纬仪和工具经纬仪两种。两者结构相似，都可作水平 360° 的水平旋转和垂直面内的大角度仰俯。

光学经纬仪主要由照准部（或视准部）、水平度盘和基座三大部分组成，如图 4-8 所示。照准部是经纬仪上灵活转动的部分，包括望远镜、竖盘、横轴、水准管、支架和左支架内的光学棱镜系统、读数显微系统及竖轴等；水平度盘是一个有精密刻度的、由有机玻璃制成的圆盘，装在度盘外壳内并可在其中转动；基座又称三角基座，由三角轴套、三角基座螺旋（脚螺旋）和三角座垫组成，它用中心连接螺旋将仪器和三角架结合在一起。

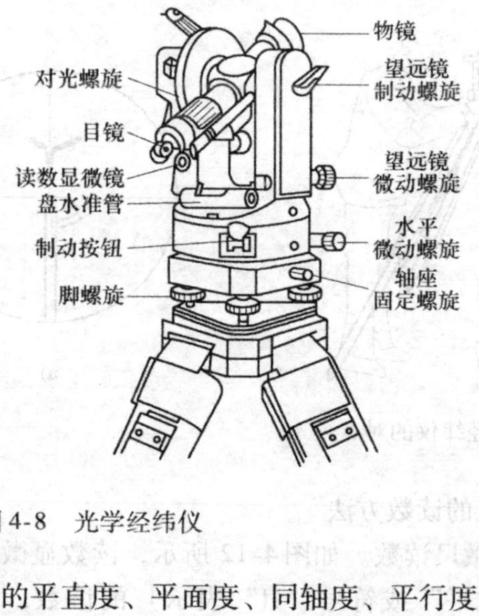

图 4-8　光学经纬仪

工具经纬仪常用来检测机器零部件的平直度、平面度、同轴度、平行度和垂直度等。工具经纬仪没有光学经纬仪的水平度盘和垂直度盘及其相应的计数系统，而是多了一个装于横轴外侧端部的侧面折射镜（镜面与横轴的轴线要精确垂直）和一个光学测微镜及一块位移分划板，并备有自准直电源，其结构如图4-9所示。仰俯和方位螺钉用于调节工具经纬仪的仰俯角度与水平方位，瞄准目标；调节支承螺钉用来支承仪器以及调整经纬仪竖轴的垂直度；上水准器平行地装在镜管上部，使经纬仪能精确地建立水平视线；侧镜配合镜筒内的棱镜，可将光线折射90°，以建立起与镜筒视线相垂直的同平面辅助视线。

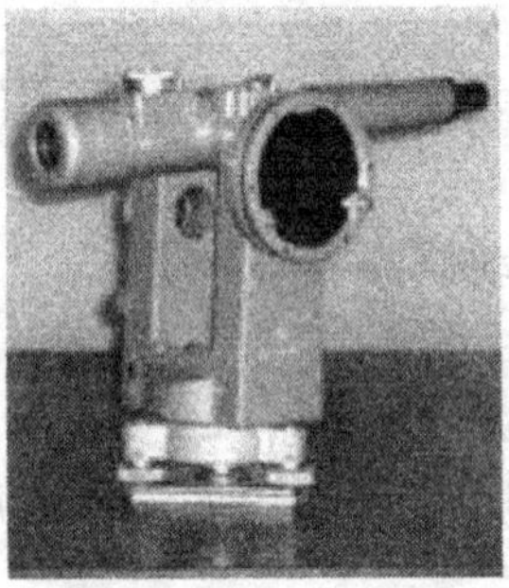

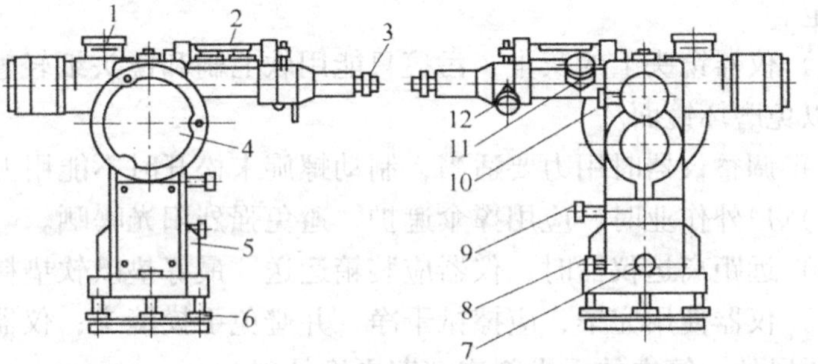

图4-9　工具经纬仪结构图

1—测微螺旋　2—上水准器　3—视度调节环　4—侧镜　5—照准器　6—支承螺钉　7—方位紧定螺钉　8—方位正切螺钉　9—俯仰正切螺钉　10—俯仰紧定螺钉　11—调焦螺旋　12—光源安装口

经纬仪的调平与对点（图4-10）要同步进行，其调平与水准仪相同，而对点则是应用光学对点仪或用挂在仪器上的线坠进行。仪器经过对点或调平后还应进行目标瞄准，即松开水平制动螺旋，转动照准部，使望远镜对准目标；调好对光螺旋，使十字丝和目标都比较清晰；紧固制动螺旋，转动微动螺旋使目标移到十字丝的双竖丝中间或与单竖丝重合（图4-11）。若看到对准目标有偏离十字丝现象，就说明望远镜的对光螺旋（或目镜）还没调到最佳位置，需继续重新调节对光螺旋。

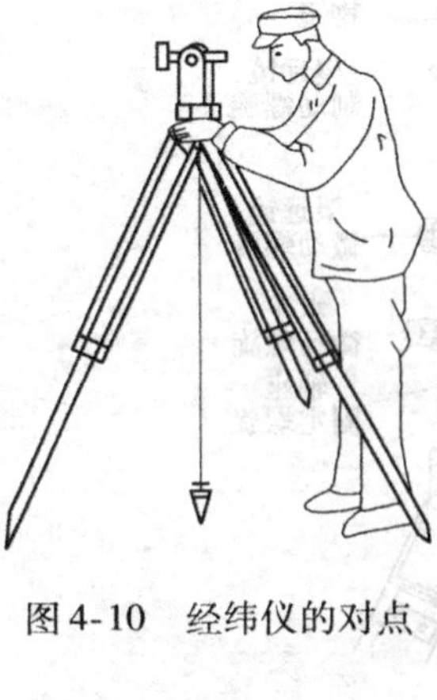

图4-10　经纬仪的对点

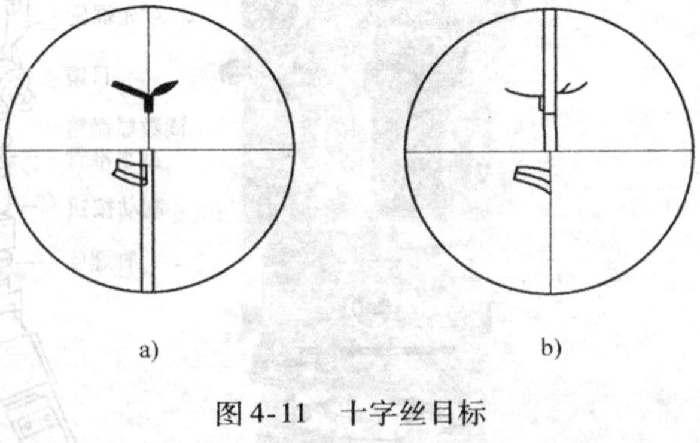

图4-11　十字丝目标

（2）经纬仪的读数方法

1）固定分微尺读数。如图4-12所示，读数显微镜中有两个窗口，上面为水平度盘分微尺（用文字“水平”或符号“H”表示）的读数；下面为竖直度盘分微尺（用文字“竖直”或符号“V”表示）的读数。读数时，先位于测微尺0~6之间度盘上分划线的度数，再读该分划线所在处测微尺上的分、秒值（每一小格为 1′，每一大格为 10′），两数之和即为读数结果。例如，图中显示的水平度盘的读数值为 172°59′，而竖直度盘的读数值为 85°5′30″。

2）活动分微尺读数。如图 4-13 所示，图中下面的标尺是水平度盘的读数（度数），中间的标尺是竖直度盘的读数（度数），上面的标尺是共用的活动分微尺读数（分、秒），分微尺上每小格为 20″。读数时，先读显微镜中双竖线对准的度盘读数（度数），再读活动分微尺的读数（分、秒数），图 4-13a 显示的水平度盘读数为 49°30′ + 22′30″ = 49°52′30″，图 4-13b 显示的坚直度盘读数为 107° + 1′50″ = 107°1′50″。

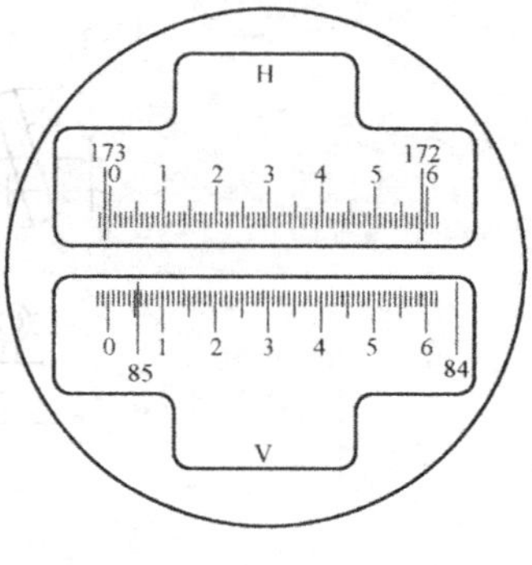

图 4-12 固定分微尺读数

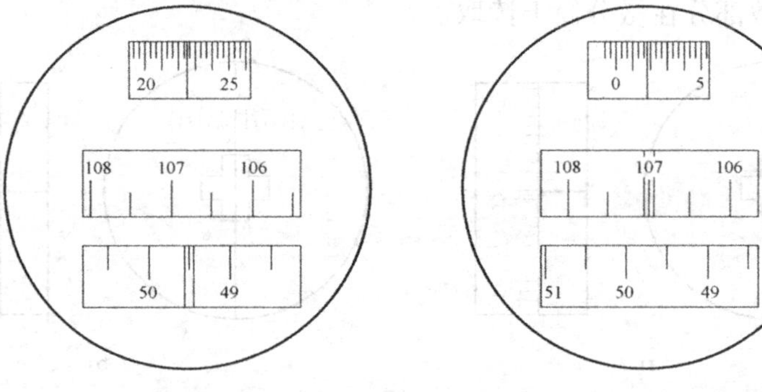

a) b)

图 4-13 活动分微尺读数

（3）经纬仪的使用与维护 经纬仪的维护保养可参照水准仪。

3. 自准直仪

（1）自准直仪的结构及工作原理 自准直仪又称自准直平行光管，是一种高精度的光学测量仪器，在机械装配中应用广泛，可用于检测机器导轨和仪器导轨在水平面内和垂直面内的直线度、工作台面的不平面度及构件间的垂直度等，其外形结构如图 4-14 所示，主要由仪器本体和反光镜座两部分组成，本体是由平行光管和望远镜组成的。

自准直仪工作原理如图 4-15 所示。当光源射出的光线经过倾斜玻璃射入刻有十字丝的分划板和物镜后，射在反光镜上。由于分划板位于物镜的焦面上，所以从分划板上任一点 a 射出的光线经过物镜后变成平行光线；经反光镜反射回来的光线，再经过物镜将分划板上 a 点的像投影在 b 点上，若两点重合，则说明反光镜的平面与通过 a 点的物镜主光轴相垂直。像的位置取决于反光镜的位置，若导轨不平直，反光镜则倾斜一个 α 角，分划板上的像与光点的位置相差一段距离。

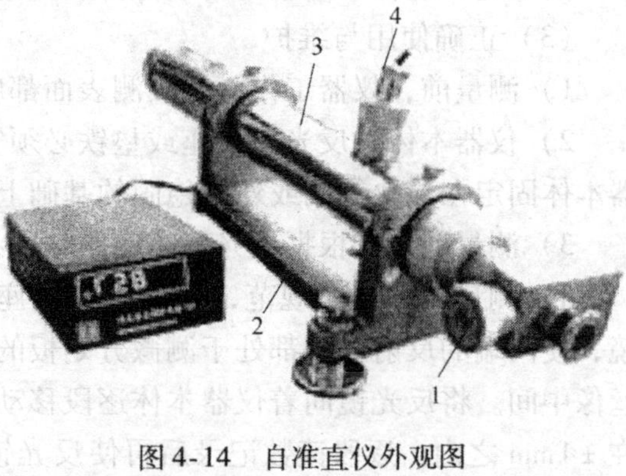

图 4-14 自准直仪外观图

1—测微螺旋 2—基座 3—准直镜管 4—照明灯

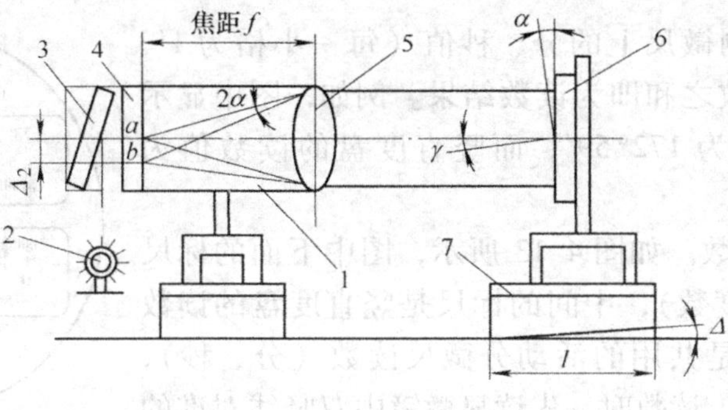

图 4-15　自准直仪工作原理

1—望远镜　2—光源　3—倾斜玻璃　4—分划板　5—物镜　6—反光镜　7—垫铁

（2）读数方法及测量读数值处理　自准直仪的读数方法如图 4-16 所示。整数部分在目镜分划板上读取，小数部分在微分筒上读取。

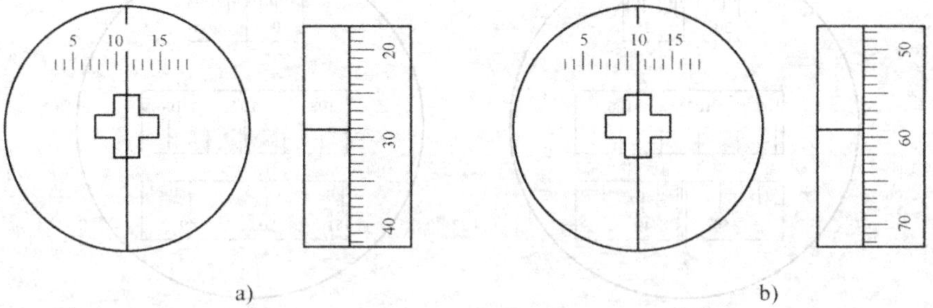

图 4-16　自准直仪的读数方法

若反光镜支座长度为 200mm，对各个位置的读数应作如下处理。

1）在反光镜正反移动的测量过程中，计算出各像对应位置上读数值的平均值。

2）算出所有位置读数的算术平均值。

3）用每一位置读数平均值减去算术平均值，减后的读数值附有正负号。

4）将第一位置的减后读数加上第二位置的减后读数加上第三、第四……直至最后一个位置的减后读数。

由上述一组各个位置的新数值，则可划出所测得的轮廓线。

（3）正确使用与维护

1）测量前，仪器工作面和被测表面都应擦拭干净，以减少测量误差。

2）仪器本体、反光镜支座或垫铁必须安放在同一高度，并应保持刚性连接，一般将仪器本体固定在导轨末端或外边稳固的基础上。

3）测量前，应根据反光镜支座的长度将被测导轨分成若干段并作好记号。

4）测量的方法应规范，将反光镜支座分别置于导轨两端，调整自准直仪本体或反光镜，使两端的反射影像都处于测微分划板的中心位置上。在目镜场中尽可能使黑线条在十字丝像中间。将反光镜向着仪器本体逐段移动（但二者之间不能相对移动），移动精度应保持在 ±1mm 之内。逐段读数记录后再使反光镜离开仪器本体，逐段移动并读数。反复多次测量，以保证较高的准确性。

5）在测量导轨垂直方向的弯曲时，应使读数目镜微分螺丝平行于光轴；当测量导轨水平方向的扭曲时，应将测微目镜转动90°，使其垂直于光轴。

6）测量时，应防止温度变化致使光轴产生弯曲或折射，应防止光学仪器的玻璃上有凝结水。同时，应避免强光的直接照射，以免成像模糊降低分辨力。

7）仪器用后应擦试干净，涂仪表油，装于专用包装盒内，置通风干燥处保存。

4. 激光准直仪

（1）激光准直仪的结构及工作原理　激光准直仪由功率较小、能发出红色可见光的氦氖激光器和接收装置组成。为改善激光束的方向性和缩小发散角，在激光器前装有望远镜；为提高分辨的灵敏度，在接收装置中有光电检测器和放大器。激光准直仪校正的距离较长，精度较高。图4-17为激光准直仪的结构示意图，激光发射器连同望远镜装于可调的支架上，其几何中心和光轴的不同轴度应小于0.02mm，角度差在±1″以内。

激光束经接收靶中的四棱锥面（或圆锥面）反射到装在四周成直角配置的四块晒光电池上，当有偏差时，光电池的电流强度产生差值，通过放大器放大后在显示器上显示出被校正零件中心线与基准光轴的偏差值。

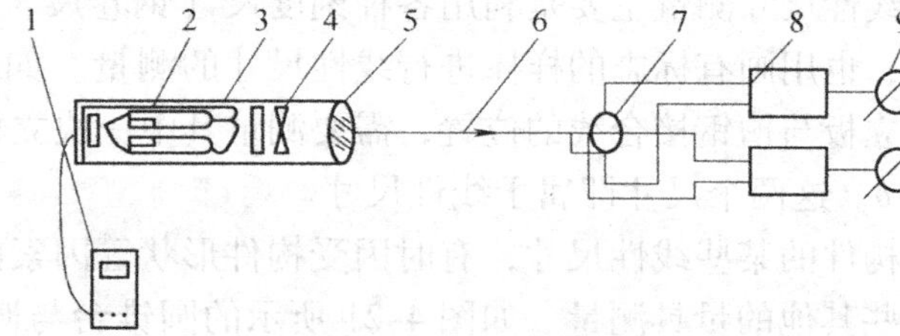

图4-17　激光准直仪

1—电源　2—激光筒　3—激光器　4—目镜　5—物镜
6—激光束　7—接收靶　8—运算放大器　9—显示器

（2）激光准直仪的使用与维护　激光准直仪除应按使用说明书正确使用和精心维护外，还应注意环境温度的变化、基础振动等的影响，也应避免强光的照射，以免降低了测量精度。

模块二　常见项目的测量

装配中的测量技术包括正确、合理地选择测量基准，准确而迅速地完成工件定位所需要的测量项目的测量。较常用的测量项目有线性尺寸、平行度（包括水平度）、垂直度（包括铅垂度）、同轴度及角度等。

一、测量基准

测量中，为衡量被测点、线、面的尺寸和位置精度而选作依据的点、线、面，称为测量基准。一般情况下，多以定位基准作为测量基准。如图4-18所示，圆锥台漏斗各件间的相对位置，是以轴线和M面为设计基准确定的。圆锥台漏斗上小法兰盘的装配是以M面为定位基准，测量尺寸b时，又可以M面作为测量基准。这样，在这个小法兰盘的装配中，设计基准、定位基准、测量基准三者合一，可以有效地减小装配误差。

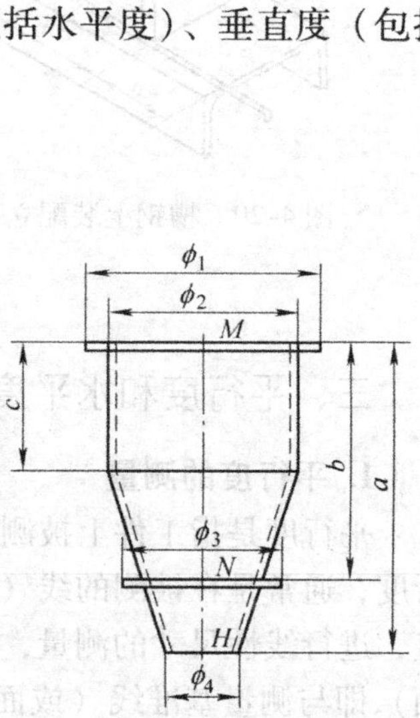

图4-18　圆锥台漏斗

当以定位基准作测量基准不利于保证测量的精确度或不便于测量操作时，应本着能使测量准确、操作方便的原则，重新选择合适的点、线、面作为测量基准。

有时还可以在号料时，预先在工件上留出装配测量基准线，以备装配时使用。如图4-19所示，即为利用预留的测量基准线进行圆筒纵缝对接的情形。装配时，只需测量两基准线之间的距离，即可保证圆筒纵缝的正确对接。

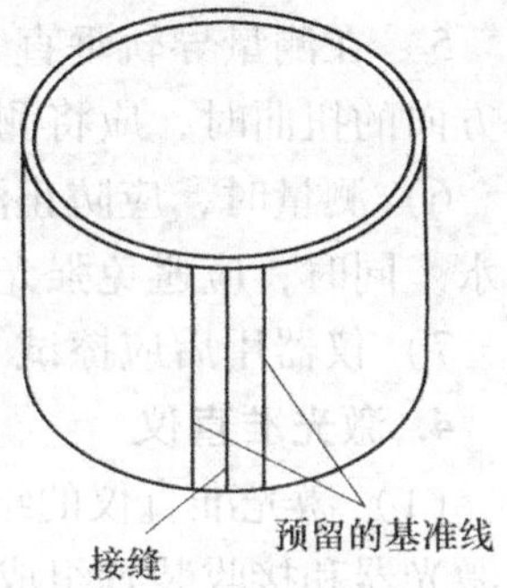

图4-19　圆筒装配预留测量基准线

二、线性尺寸的测量

线性尺寸是指零件上被测的点、线、面与测量基准间的距离。由于组成构件的各个零件间都有尺寸要求，因此，线性尺寸测量在装配中应用最多，而且在进行其他项目的测量时，往往也需辅之以线性尺寸的测量。

线性尺寸测量主要是利用各种刻度尺（钢卷尺、盘尺、金属直尺、木折尺等）来完成。有时，也用画有标志的样棒进行线性尺寸的测量。如图4-20所示的在槽钢上装配立板，为确定立板与槽钢接合线的位置，需要测量其中一块立板距槽钢端面的尺寸 a 及两立板间距离尺寸 b。这两个尺寸即属于线性尺寸。

构件的某些线性尺寸，有时因受构件形状等因素的影响，而不能直接用尺测量，需要借助一些其他的量具测量。如图4-21所示的圆锥台与圆筒，按图示的位置装配，在测量整体高度时，由于圆锥台小口端面（封闭的）较圆筒外壁缩进一段，无法用尺直接测量，这时可借助于用轻型工字钢制成的大平尺，来延伸圆锥台小口端平面，再用直尺或卷尺间接测量。

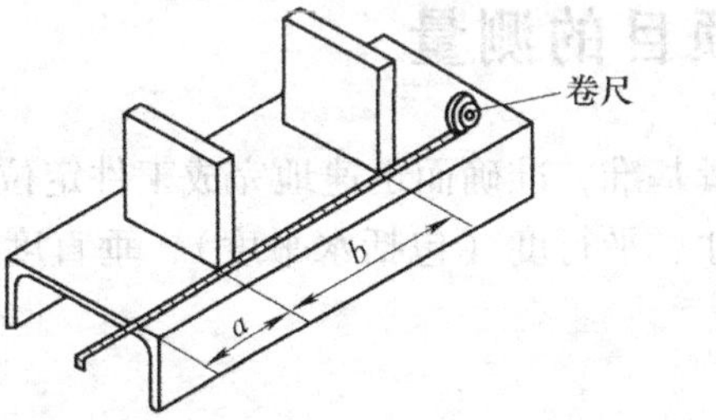

图4-20　槽钢上装配立板的尺寸测量

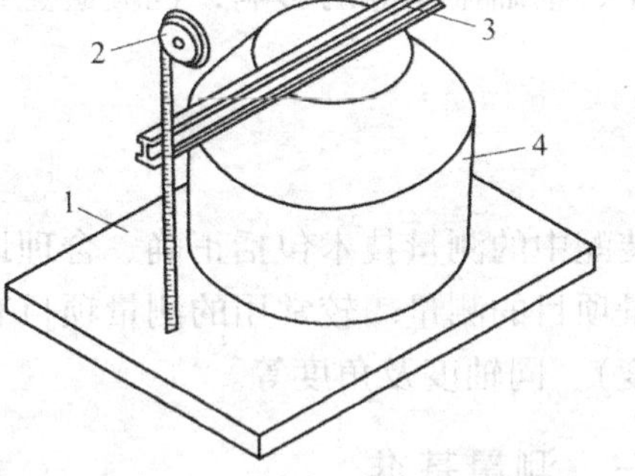

图4-21　间接测量工件高度

1—平台　2—卷尺　3—大平尺　4—工件

三、平行度和水平度的测量

1. 平行度的测量

平行度是指工件上被测的线（或面），相对于测量基准线（或面）的平行程度。测量平行度，通常是在被测的线（或面）上选择较多的测量点，与测量基准线（或面）上的对应点，进行线性尺寸的测量，当由各对应测量点所测得的线性尺寸都相等时，被测的线（或面）即与测量基准线（或面）相互平行，否则就不平行。

如图4-22所示分别为在一个平板上装配两根与板边平行的角钢和在一圆筒上装配两条

相互平行的加强带圈的定位测量，它们都是通过直接进行多点线性尺寸测量，来达到测量平行度的目的。

2. 水平度的测量

容器里的水或其他液体在静止状态下，其表面总是处于与重力作用方向相垂直的位置，这种位置称为水平。水平度就是衡量零件上被测的线（或面）是否处于水平位置。许多钢结构制品，在使用中要求有良好的水平度。例如，桥式起重机（天车）的运行轨道需要有良好的水平度，否则将不利于起重机在运行中的控制，甚至引起事故。

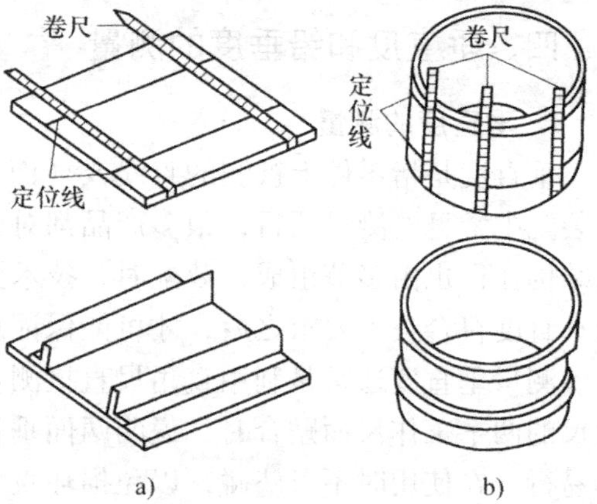

图 4-22　平行度的测量

a）角钢间平行度的测量　b）钢带圈间平行度的测量

装配中常用水平尺、软管水平仪、水准仪、经纬仪等量具或仪器来测量零件的水平度。

（1）用软管水平仪测量　软管水平仪是由一根较长的橡皮管，两端各接一玻璃短管构成，管内注入液体。加注液体时，要从其中一端管口注入，不能两端同时注入，以免橡皮管内滞留空气，而造成测量误差。冬季使用时，要加入一些防冻的液体，如酒精。

当在平面上测量其水平度时，取两根标有相同刻度的标杆，将玻璃管分别贴靠在标杆上，把其中的一根标杆置于被测平面的一角，另一根标杆连同橡皮管放在被测平面上的不同点，观察两玻璃管内的液面高度是否相同，如图4-23 所示。若在测量各点时，玻璃管内液面高度都相同，即液面和两标杆上的刻度线都重合，说明被测平面为水平。

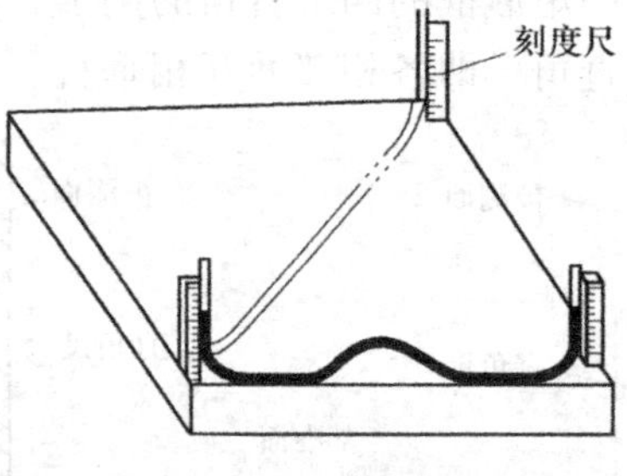

图 4-23　软管水平仪测量水平度

（2）用水准仪测量　水准仪由望远镜、水准器和基座等组成，如图 4-24 所示。利用它测量水平度不仅能衡量各测点是否处于同一水平，而且能给出准确的误差值，便于调整。图 4-24b 所示是球罐柱脚水平度的测量。球罐柱脚上预先标出基准点，把水准仪安置在球罐柱脚附近进行观测。如果

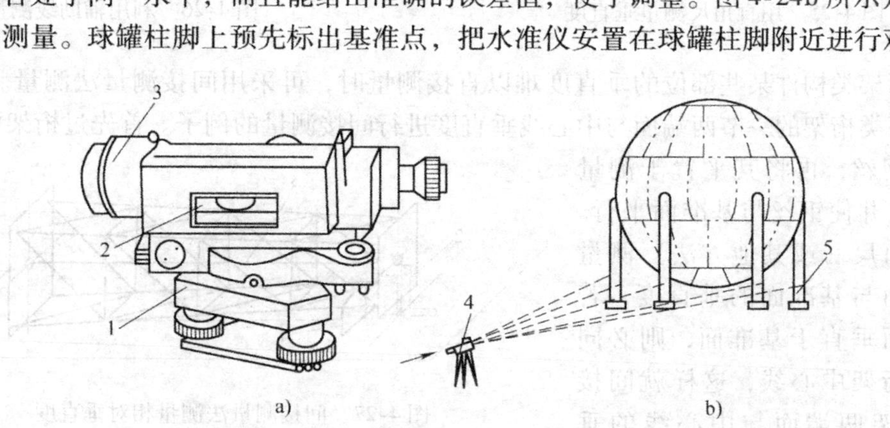

图 4-24　水准仪测量水平度

1—基座　2—水准器　3—望远镜　4—水准仪　5—基准点

水准仪测出各基准点的读数相同，说明各柱脚处于同一水平面。若不同，则可根据由水准仪读出的误差值调整柱脚。

四、垂直度和铅垂度的测量

1. 垂直度的测量

垂直度是指零件上被测的直线或（面），相对于测量基准线（面）的垂直程度。垂直度是装配中常见的测量项目，很多产品都对其有严格的要求。例如，高压电架线铁塔呈棱锥形的结构往往也由多节组成，装配时，技术要求的重点是每节两端面与中心线垂直，只有每节的垂直度符合技术要求之后，才可能保证总体安装的垂直度。

测量垂直度通常是利用直角尺直接测量，如图 4-25 所示。当基准面和被测面分别与直角尺的两个工作尺面贴合时，说明两面垂直，否则不垂直。使用直角尺测量相对垂直度，简单易行。在使用时不可磕碰，以免损坏直角尺，或因直角尺角度变化而造成测量误差。

使用直角尺测量垂直度，还要注意直角尺的规格与被测面尺寸相适应。当零件的被测面长度远远大于直角尺的长度时，用直角尺测量往往会产生较大的误差，这时可采用辅助线测量法。图 4-26a 所示为辅助线测量法测量直角，它是用刻度尺作辅助线，在被测面与基准面的垂直断面上，构成一直角三角形，利用“勾股定理”求出辅助线理论长度（斜边长），再去测量实际辅助线。若两者长度相等，说明两面垂直。图 4-26b 所示为用辅助线测量法去检验一矩形框的四个直角的例子，若两辅助对角线相等（$ac = bd$），说明矩形框的四个内角均为直角，即各相邻面互相垂直。

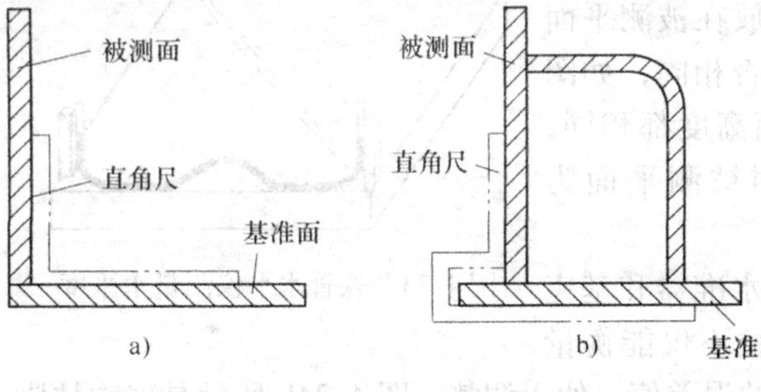

图 4-25　用直角尺测量垂直度

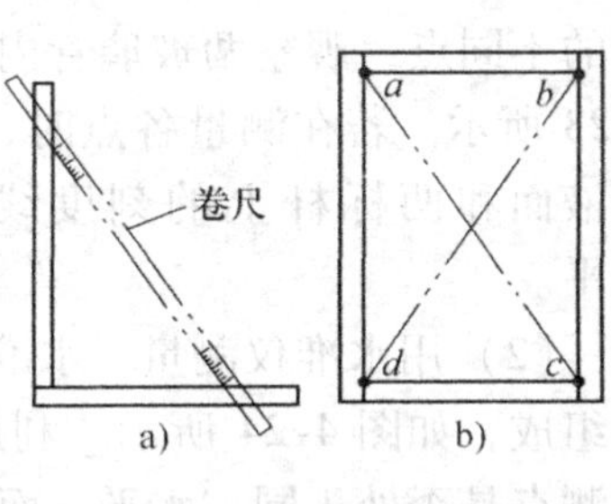

图 4-26　利用辅助线测量垂直度

一些桁架类构件某些部位的垂直度难以直接测量时，可采用间接测量法测量。图 4-27 所示为对塔类桁架的一节两端面与中心线垂直度进行间接测量的例子。首先过桁架两端面的中心拉一钢丝，再将其平置于测量基准面上，并使钢丝与基准面平行。然后用直角尺（或其他方法）测量桁架两端面与基准面的垂直度，若桁架两端面垂直于基准面，则必同时垂直于桁架中心线，这样就间接测量了桁架两端面与中心线的垂直度。

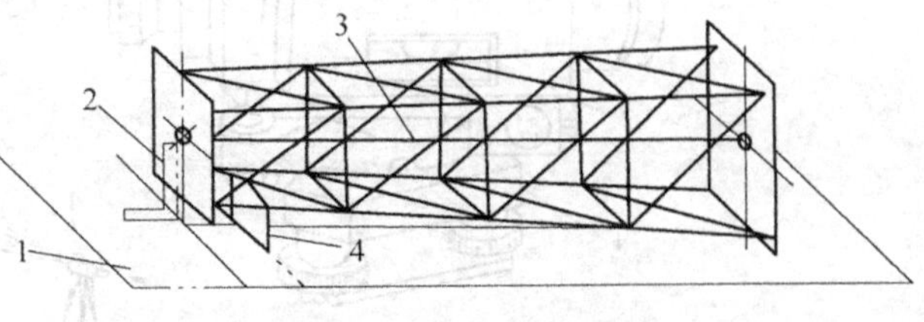

图 4-27　间接测量法测量相对垂直度

1—基准面　2—直角尺　3—细钢丝　4—垫板

2. 铅垂度的测量

铅垂度是衡量零件上被测的线（或面）是否与水平面垂直的一个测量项目，常作为构件安装的技术条件。常用的测量铅垂度的工具和仪器有吊线锤和经纬仪。

（1）用吊线锤测量铅垂度　吊线锤多用铜质金属材料制成，把吊线连接在锤的尾端，使用时锤尖向下，如图 4-28 所示。当用吊线锤测量构件的铅垂度时，可以在构件的上端沿水平方向伸出一个支杆，并与构件加以固定，将吊线锤的吊线拴在支杆上，并量得其与构件的水平距离为 a；放下线锤使锤尖接近地面并稳定后，再度量构件底部到线锤尖的水平距离 a'，若 $a=a'$，则说明构件该侧与水平线垂直。如果构件需要从两个方向测铅垂度时，应在上端与前一支杆垂直方向固定另一支杆，再用上述方法测量。

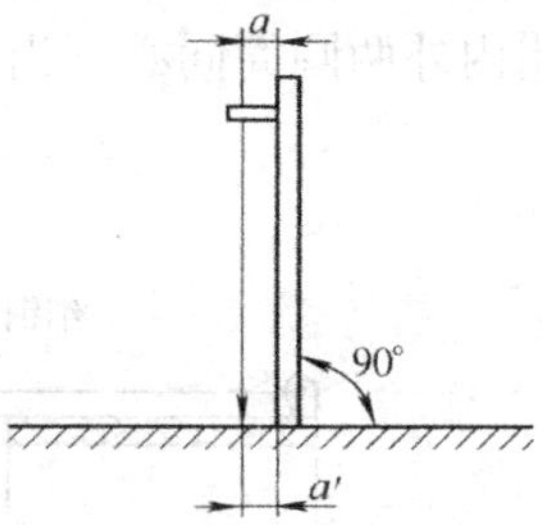

图 4-28　吊线锤测量铅垂度

（2）用经纬仪测量铅垂度　经纬仪主要由望远镜、竖直度盘、水平度盘和基座等部分组成，可以测角、测距、测高、测定直线、测水平度、测铅垂度等。图 4-29b 所示是用经纬仪测量球罐柱脚的铅垂度。先把经纬仪安置在柱脚的横轴方向上，对中、调平，再将目镜上十字丝的纵线对准柱脚中心线的下部，将望远镜上下微动观测。若纵线重合于柱脚中心线，说明柱脚在此方向上垂直；如果发生偏离，就需要调整柱脚。然后再用同样的方法，把经纬仪安装在柱脚的纵轴方向上观测，如果柱脚在纵、横两轴方向都与水平线垂直，则柱脚处于铅垂线位置。如用激光经纬仪测量，则更为方便和直观。

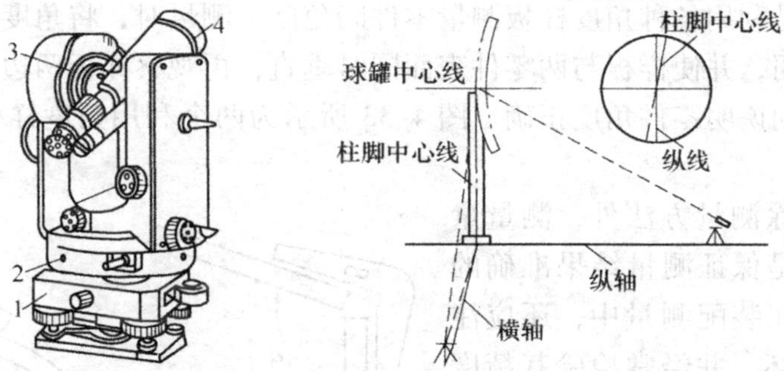

图 4-29　经纬仪及其应用

1—基座　2—水平度盘　3—竖直度盘　4—望远镜

五、同轴度的测量

同轴度是指构件上具有同一轴线的几个零件，装配时其轴线的重合程度。图 4-30 所示为由两节圆筒连接而成的长圆筒，测量它的同轴度，可先在各节圆筒的端面，装上临时支撑（注意不得使圆筒变形），再在各临时支撑上，分别找出圆心位置，并钻出 $\phi20 \sim \phi30$mm 的孔，然后过长圆筒两外端面的中心拉一钢丝，使其从各端面支撑的孔中心通过。这时观察钢丝是否处于各端面上孔的中心位置，若钢丝过各端面中心，说明两节圆筒同轴，否则就不同

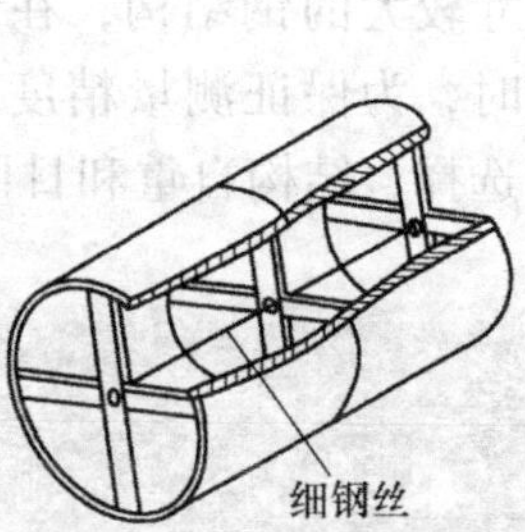

图 4-30　圆筒内拉钢丝测量同轴度

轴，需要调整。

如果每节圆筒的成形误差和尺寸误差都很小，也可采取在圆筒外侧拉钢丝，通过测筒外壁与钢丝的距离或贴合程度，来测量几节圆筒的同轴度，如图 4-31 所示。应用这种方法，至少应在整圆周上平均选择三处拉钢丝测量，以保证测量结果的准确。

图 4-32 所示为一双层套筒，测量其同轴度时，先在内筒两端面加上临时支撑，并在其上找出圆心位置，然后用尺测量外筒圆周上各点至圆心的距离。如果各测点的圆心距相等，说明内外两圆筒同心。当在套筒两端面测得内、外筒都同心时，说明内、外筒同轴。

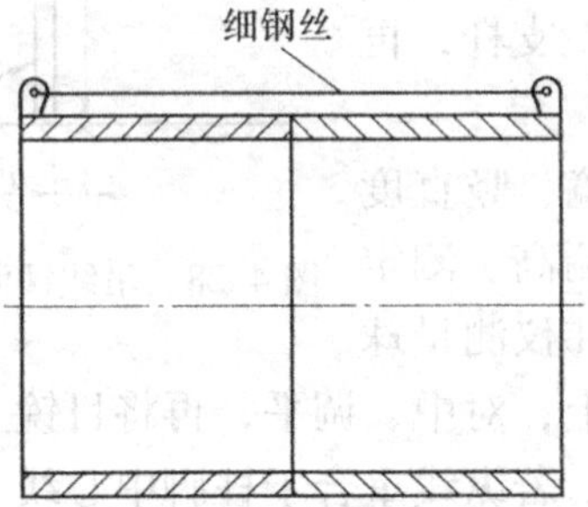

图 4-31　圆筒外拉钢丝测量同轴度

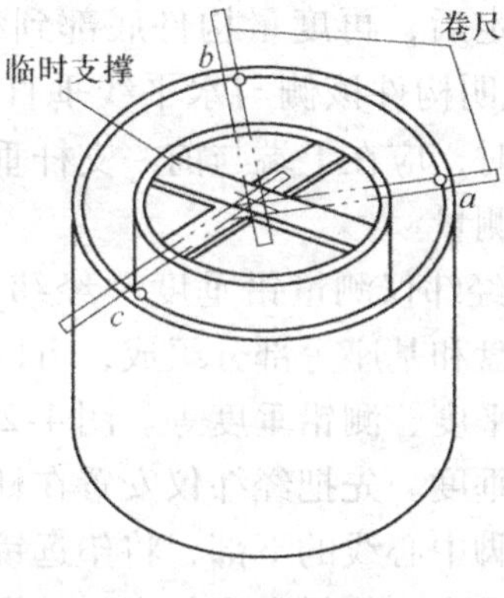

图 4-32　套筒同轴度的测量

六、角度的测量

装配中，通常是利用各种角度样板测量零件间角度。测量时，将角度样板卡在或塞入形成夹角的两零件之间，并使样板与两零件表面同时垂直，再观察样板两边是否与两表面都贴合，若都已贴合，则说明零件角度正确。图 4-33 所示为两个利用角度样板测量零件角度的例子。

应强调的是，除测量方法外，测量量具精确、可靠，也是保证测量结果准确的重要因素。因此，在装配测量中，还应注意保护量具不受损坏，并经常检验其精度是否符合要求。重要的结构，有时要求装配中始终用同一量具或仪器进行测量。对尺寸较大的钢结构，在制造过程中进行测量时，为保证测量精度，尚需考虑测量点的选择、结构自重和日照等因素的影响。

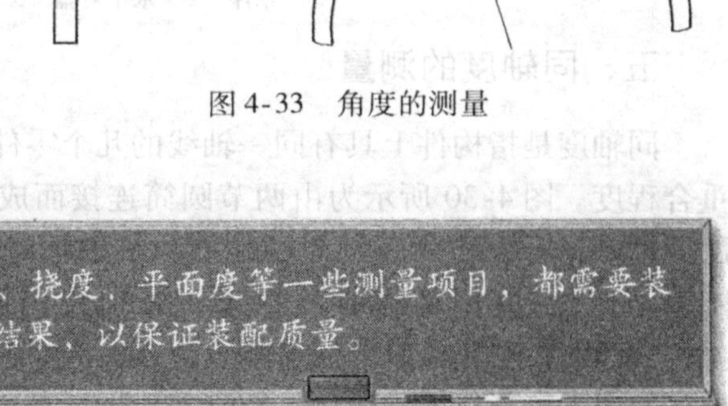

图 4-33　角度的测量

装配测量除上述项目外，还有斜度、挠度、平面度等一些测量项目，都需要装配工采用不同的测量方法，测得准确的结果，以保证装配质量。

模 块 三　空气储罐装配时的基准与测量

空气储罐装配时的基准与测量由空气储罐的主视图与管口及支腿方位图确定。

一、支腿与下封头装配时的基准与测量

由管口及支腿方位图可知，支腿的定位是三个支腿均匀分布在直径是 ϕ700 的圆上。以 ϕ700 为直径在装配平台上画圆，并三等分圆弧，使支腿底板上孔的距离相等。因此支腿的基准是直径为 ϕ700 的圆心，测量出三个底板孔在 ϕ700 圆弧上的直线距离相等，就可以将支腿定位。

支腿与下封头装配时的基准是支腿底板，将下封头放在支腿与封头的垫板上，大平尺放在下封头的端口上，直角尺的一个直边紧靠下封头的直边，另一个直边与平台重合，既测量了封头坡口边缘到支腿底板的距离，又能测量出封头坡口边缘到支腿底板的平行度，如图 4-34 所示。

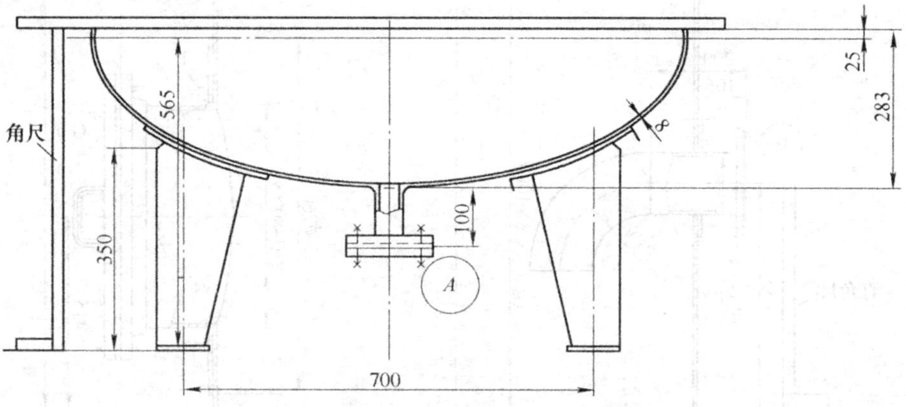

图 4-34　下封头与支腿的基准与测量

二、筒体的测量

筒体长度与筒体端口平行度的测量都是以筒体端口为基准，用钢卷尺直接测量两端口的距离，就测量出筒体的长度，如果两端口间各处的距离相等，筒体的两个端口就是平行的，如图 4-35 所示。

筒体端口与筒体边缘的垂直度的测量也是以筒体端口为基准，将筒体的一个端口直接放在平台上，用直角尺的一边紧靠在平台上，另一边靠紧筒体边缘，如果直角尺的两直角边与筒体边缘和平台没有间隙，则说明筒体边缘与端口是垂直的。

三、管口与筒体装配时的基准与测量

管口与筒体装配时的基准与测量都是由空气储罐的主视图与管口及支座方位图确定。由管口及支座方位图上的已知角度分别计算出它们在筒体外径上的弧长，先确定一个管口在方位图上的位置（例如 G 管口），并以其为基准，在筒体的外径圆弧上，按计算出的弧长分别

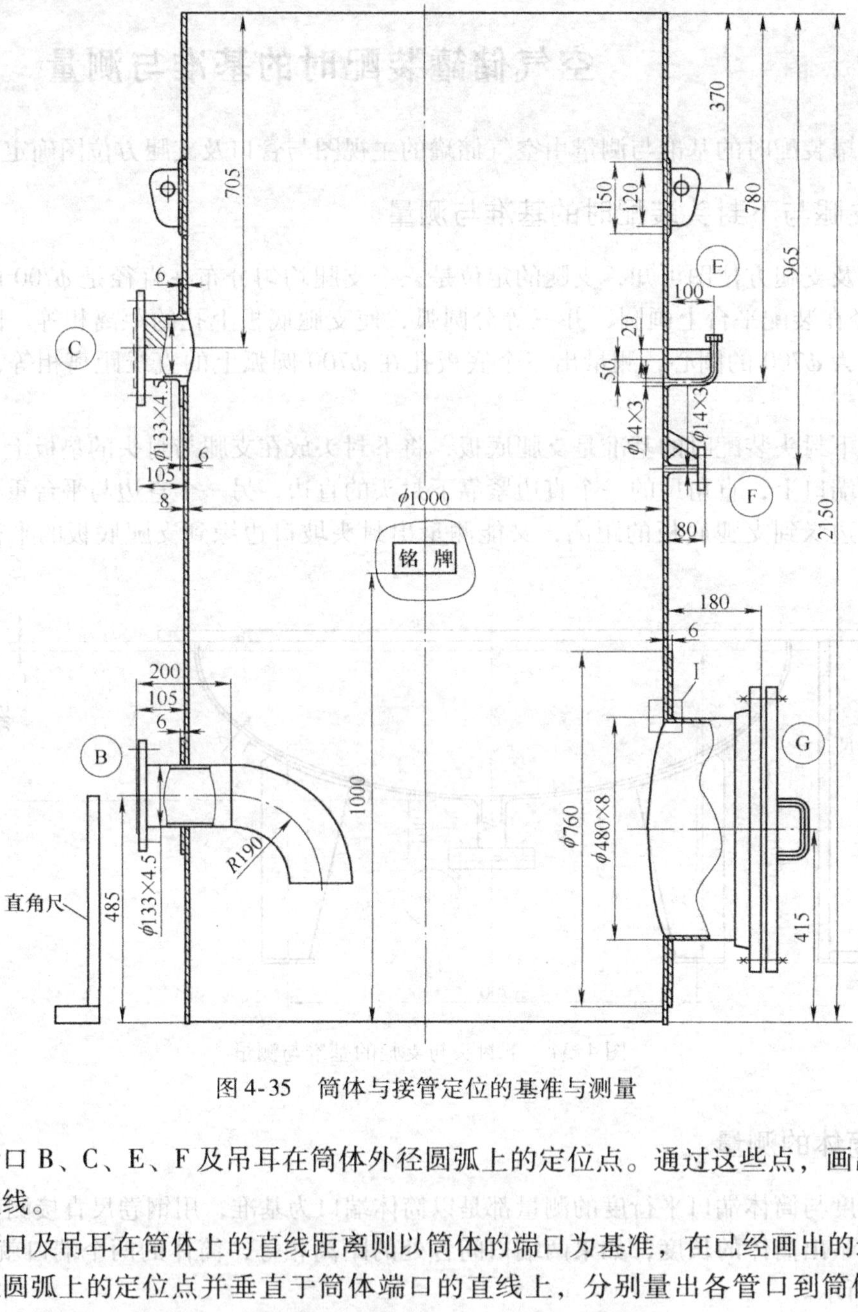

图 4-35　筒体与接管定位的基准与测量

画出其他管口 B、C、E、F 及吊耳在筒体外径圆弧上的定位点。通过这些点，画出垂直于筒体端口的直线。

而各管口及吊耳在筒体上的直线距离则以筒体的端口为基准，在已经画出的通过各管口在筒体外径圆弧上的定位点并垂直于筒体端口的直线上，分别量出各管口到筒体端口的长度，就确定了各管口在筒体外径圆弧上的定位点，如图 4-35 所示。

装配与焊接工艺装备

装配与焊接工艺装备是在焊接结构生产的装配与焊接过程中起配合及辅助作用的工夹具、机械装置或设备的总称，简称焊接工装。积极推广和使用与产品结构相适应的焊接工装，对提高产品质量，减轻焊接工人的劳动强度，加速焊接生产实现机械化、自动化进程等诸方面起着非常重要的作用。

模 块 一　常用装配胎具及应用

装配胎具是为了保证产品的装配质量，提高生产效率，按照产品的形状和零件装配的位置要求而设计的工装。装配胎具按其功能分为通用胎具和专用胎具，按其动作的方式又分为固定式胎具、垂直式和水平旋转式。

一、固定式胎具

（1）型钢式胎具　型钢式胎具常用的形式有槽钢（图5-1）、轨道钢、工字钢（图5-2）等，用于直径较小的筒体卧装对接。筒体在型钢式胎具上卧装时，无论是轴向移动或径向转动都需要人工，劳动强度较大。由于轴向移动属于滑动，会对筒体的外表面造成一定的划痕。

图5-1　用槽钢卧装对接筒体

图5-2　用工字钢卧装对接筒体

（2）专用胎具　较大型压力容器的封头的组装采用专用胎具，如图5-3所示。专用胎具的模板构成支承工作面，通过放样得出实际形状，然后加工而成。这样的专用胎具，只适用于一种形状、尺寸的工件装配使用。较为复杂的结构（如船舶分段），其装配胎具结构也较复杂，胎具的制作往往要消耗较多的工时和材料。

二、垂直旋转式胎具

对于分瓣下料的大型压力容器封头的组装，胎具一般采用现场制作，由钢板和加强筋组合而成。

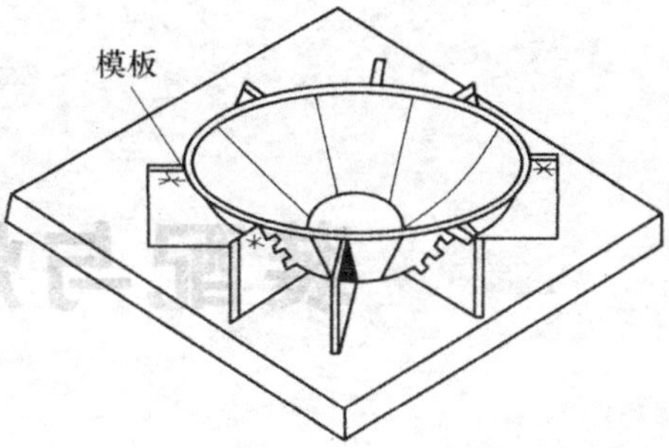

图 5-3　封头专用胎具

1. 胎具制作的步骤

1）先在施工现场选好地平面，以容器的中心为圆心，以容器的外径为半径画出封头俯视图上、下口线和接缝线，如图 5-4、图 5-5 所示。根据封头的瓣片数量在上、下口线的外圆周上焊接上辅助定位挡铁，然后将封头瓣片底边紧靠挡铁。

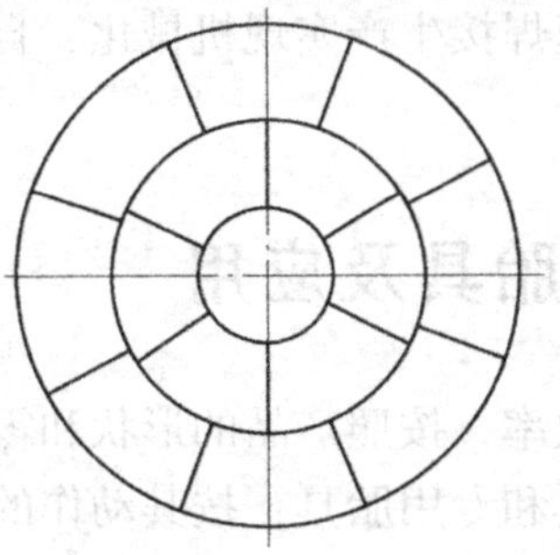

图 5-4　胎具平面图

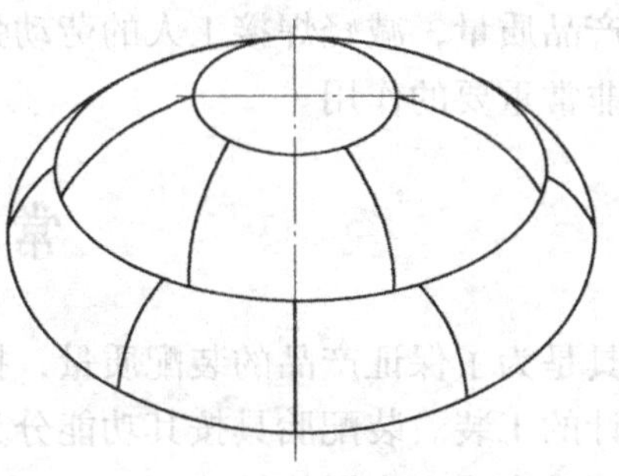

图 5-5　封头轴测图

2）根据封头（球形、椭圆形、碟形）的形状特点确定各瓣片接缝处的高度及所处位置的直径，用直尺或吊线锤检验好上口边缘的位置，焊好支撑杆与加强筋，保证封头各瓣的坡口落在加强筋的位置上，如图 5-6 所示。

3）依次将各瓣片定位，检查好坡口边缘，无错边后即可定位焊接，如图 5-7 所示。

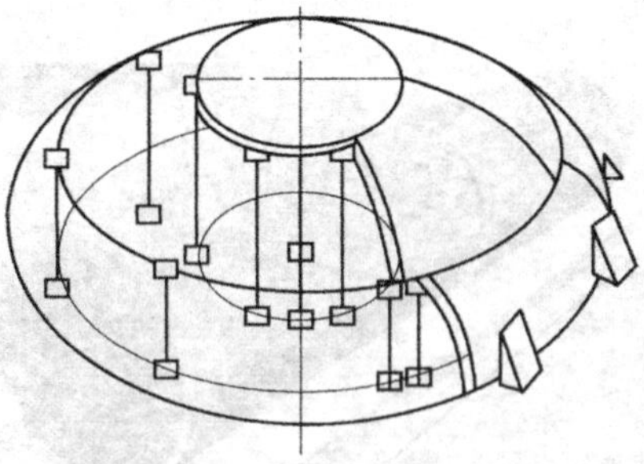

图 5-6　多瓣椭圆形封头垂直固定装配胎具

图 5-7　多瓣椭圆形封头垂直固定装配胎具装配施焊图

2. 对装配胎具的要求

1）胎具工作面的形状应与工件被支承部位的形状相适应。

2）胎具结构应便于在装配时对工件实施定位、夹紧等操作。

3）胎具上应画出中心线、位置线、水平线和检验线等，以便于装配时对工件进行校正和检验。

4）胎具必须安置在坚固的基础之上，并具有足够的强度和刚度，以避免在装配过程中基础下沉或胎架变形。

目前出现的通用式活络支柱式胎架，可以根据数学放样提供的数据，调节支柱的高度。纵横排列的大量支柱，可形成平面或任何形状的曲面，作为结构装配的支承面。

三、水平旋转式胎具

1. 滚轮式胎具

筒体卧装采用滚轮架（图 5-8）可以减轻对接时筒体在径向滚动时的劳动强度，且没有划痕，但在轴向移动时，仍然会对筒体的外表面造成划痕。筒体在吊装时，轴向位置会受到一定的限制。

2. 辊筒式胎具

采用辊筒进行筒体卧装对接时（图 5-9），与采用滚轮架相同，但吊装时筒体轴向移动比较方便。

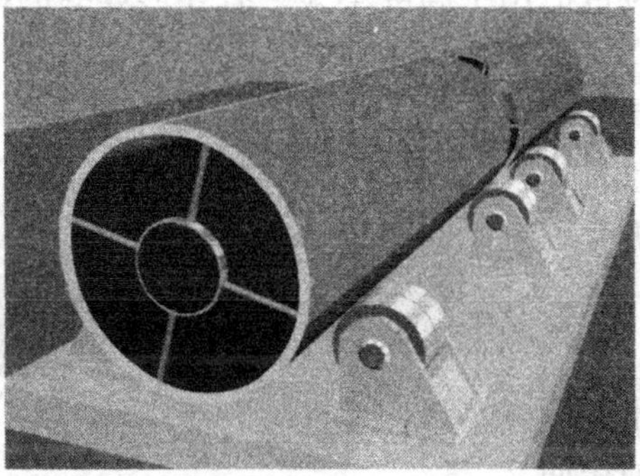

图 5-8　滚轮架组装

图 5-9　辊筒组装

3. 筒体卧装对接机

筒体卧装对接机（图 5-10）的结构是电动机经减速机减速后，通过刚性联轴器与二次减速机的输入轴连接，再通过套筒联轴器、轴与另一减速箱的输入轴连接。两台减速机的输出轴用十字轴式万向联轴器分别与辊筒连接。同一轴向的辊筒与辊筒的连接仍然采用十字轴式万向联轴器连接。

采用筒体卧装对接机进行套筒卧装对接，不仅减轻了劳动强度，而且可一次性对接较长的筒体。

图 5-10　筒体卧装对接机组装

模块二　焊接变位机械

焊接变位机械的主要作用是改变焊件、焊机、焊接工人的操作位置，使焊件的焊缝达到和保持在最佳施焊位置，有利于提高焊缝的焊接质量，减轻焊工的劳动强度。同时，通过各种焊接变位机械的单独或配套使用，有利于实现焊接结构生产机械化和自动化。焊接变位机械的主要类型有以下几种：

（1）焊接变位机　焊接变位机是集翻转（或倾斜）和回转功能于一身，用于支承焊件并能够实现回转和倾斜，以便使焊件的焊缝处于水平或“船形”易焊位置的变位机械装置。

（2）焊接操作机（又称焊机变位机械）　焊接操作机是将焊接机头准确送达并保持在待焊位置，或以选定的焊接速度沿规定的轨迹移动焊接机头，配合完成焊接操作的焊接变位机械。

（3）焊工变位机械　焊工变位机械又称为焊工升降台，是改变焊工操作位置的机械装置。

一、焊接变位机

焊接回转台是焊接变位机的重要组成部分，是将焊件绕垂直轴或倾斜轴回转的变位机械，如图5-11所示。回转台一般处于水平或固定在某一倾角位置，形成专用的变位设备。回转台能保证焊件回转，且转速均匀可调。通常回转台适用于高度不大、有环形焊缝的结构焊接或封头的切割工作。

焊接变位机主要应用于框架形、箱形、盘形和其他非长形结构的焊接，如减速器箱体、机座、齿轮、法兰、封头等。根据结构形式和承载能力的不同，焊接变位机有以下几种类型：

图5-11　焊接回转台

1. 伸臂式焊接变位机

此种变位机（图5-12）主要用于筒形工件的环缝焊接，其工作特点是：工作台能够在伸臂端部绕自身轴线回转。为防止变位机的侧向倾覆以及不至于使整机结构尺寸过大，其载重量一般设计为1t以下。

2. 座式焊接变位机

图5-13所示是一种常用的座式焊接变位机的结构形式。回转工作台的回转轴与翻转轴相互垂直，工作台回转的传动装置由位于两侧的翻转轴支承，通过扇形齿轮传动装置使翻转轴能在0°~140°范围内恒速倾斜或翻转，整机稳定性好。在变位机上焊接环形焊缝时，应根据焊件直径与焊接速度计算出工作台回转速度；当变位机仅考虑工件变位，而无焊速要求时，工作台的回转及倾翻速度可根据焊件几何尺寸及其质量加以确定。此变位机主要用于1~50t的工件在焊接时的变位，使用广泛，最适于与焊接操作机或机器人配合使用。

图5-14所示是一种全液压可调高度座式焊接变位机。其结构是采用一套液压泵通过转换阀带动两套液压缸及一台液压马达，使工作台能在大范围内升降、倾翻180°和无级变速回转。该变位机结构新颖，轻巧紧凑，传动平稳，且有较好的抗过载能力。

图 5-12　伸臂式焊接变位机

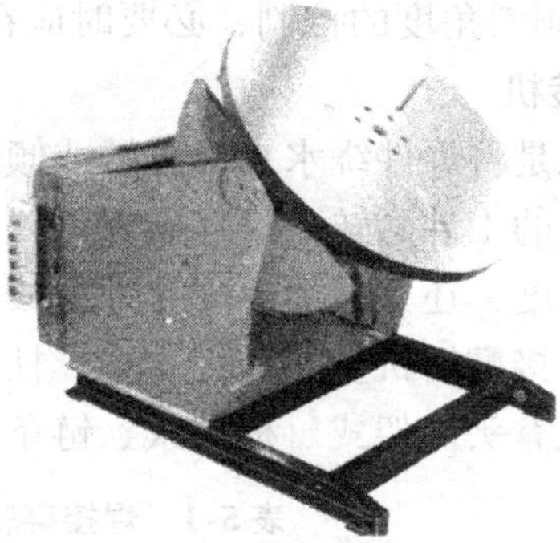

图 5-13　座式焊接变位机

3. 双座式焊接变位机

图 5-15 所示是双座式焊接变位机，其结构特点是工作台及回转装置安装在一个 U 形架上，U 形架两端装有翻转轴，由两个支座支承，用传动装置实现翻转。由于工作台位于转轴中心线的下面，为了减小倾斜翻转时传动系统所受的阻力，在变位机右侧转轴上装有可调的平衡配重，使 U 形架和工件的合成重心与翻转轴线重合，这样可减少翻转时的偏心距，降低驱动功率，使工作平稳。焊件置于工作台可动部分上面，且用四个螺旋定位与夹紧装置固定，工作台以恒速或以焊接速度绕水平轴转动。该变位机特别适用于大型和重型焊件的焊接变位。

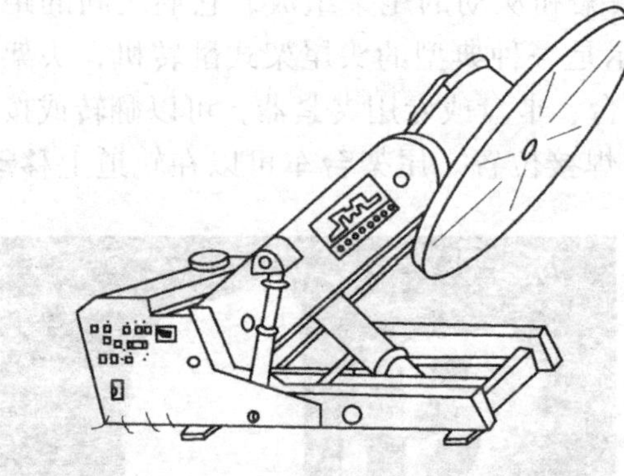

图 5-14　全液压可调高度座式焊接变位机

图 5-15　双座式焊接变位机

应用焊接变位机应注意以下几个问题：

1）注意对变位载荷能力的校核，防止因超载运行而产生的各种不良后果。更换焊件时，尤其是严重偏心或重心较高的焊件，应该校核最大回转力矩和最大倾斜力矩。

2）注意调节工作台回转速度或倾斜速度，使之符合焊接速度的要求；回程（变位）时可适当提高转速，以便提高变位效率。

3）恰当配接导电装置，电刷磨损后应及时更换。不能随意将焊接电缆搭在机架上，以防焊接电流通过轴承等传动副（可能引起打弧），破坏传动性能，损伤滚动体。

4）注意因变位机倾斜运动而引起焊接位置（施焊高度）的变化。当焊件尺寸较大时，焊工可能难以适应各条焊缝的施焊高度。这时，可提供专用焊工升降平台或采用地坑来降低焊件的相对高度。

5）注意对倾斜角度的控制，必要时应在机体上增加机械限位装置。

4. 焊接翻转机

焊接翻转机是将焊件绕水平轴翻转或倾斜，使之处于有利装焊位置的焊接变位机械。焊接生产中将沉重的工件翻转到最佳施焊位置是比较困难的，使用车间现有的起重设备不仅费时，增加劳动强度，还有可能出现意外事故。采用翻转机可以提高生产效率，改善焊接结构的焊接质量。焊接翻转机主要适用于梁、柱、框架等长形构件及椭圆容器的装配和焊接。常见的焊接翻转机有头尾架式、框架式、链条式和转环式等多种形式，见表5-1。

表5-1 焊接翻转机的类型及适用范围

类　型	变位速度	驱动方式	使用场合
头尾架式	可调	电动机	轴类、筒形和椭圆形焊件的环缝焊以及表面堆焊时的旋转变位
框架式	恒定	电动机或液压泵	板结构、桁架结构等较长焊接件的倾斜变位，工作台上还可以进行装配工作
转环式	恒定	电动机	装配定位后刚性很大的梁柱型构成的翻转变位，多用于大型构件的组对焊接
链条式	恒定	电动机	非回转体构件的翻转变位
推拉式	恒定	液压泵	小车架、机座等非长形板结构、桁架结构焊件的倾斜变位，和焊接作业可在同一工作台上进行

（1）头尾架式翻转机　这种翻转机由主动的头架和从动的尾架组成，它们之间的距离可根据所支承的工件的长度进行调节。图5-16所示是一种典型的头尾架式翻转机，头架为固定式安装驱动机构，在头架的驱动轴上装有工作台、卡盘或专用夹紧器，可以翻转或按焊接速度转动，并且能调整位置与自锁，以获得最佳焊接位置。尾架台车可以在轨道上移动，驱动轴可以伸缩，便于调节卡盘与焊件间的位置。该翻转机最大载重量为4t，加工工件直径可达1300mm。头尾架翻转机的不足之处是工件由两端支承，翻转时在头架端要施加扭转力，因而不适合于刚性小、易弯曲的工件。该翻转机在安装使用时应注意使头尾架的两端驱动轴在同一轴线上，以减少扭转力。对于较短的工件装配焊接，可不用尾架，而单独使用头架固定翻转。

图5-16　头尾架式翻转机

（2）框架式翻转机　图5-17所示是一台可升降的框架式翻转机。焊件装夹在回转框架上，框架两端安有两个插入滑块中的回转轴。滑块可沿左右两支柱上下移动，由电动机、减速器带动丝杠旋转，使与滑块固定在一起的丝杠螺母升降。由电动机经减速器带动光杠上的蜗杆（可上下滑动）旋转，使与它啮合的蜗轮及与蜗轮刚性固定的框架旋转，实现工件的翻转。为了转动平衡，要求框架和工件合成重心线与枢轴中心线重合。

（3）多轴式翻转机　在只能绕一个水平轴线回转的框架内，安装另一个回转框架，使两框架的回转轴垂直，焊件可在两个平面内回转，就形成了如图 5-18 所示的多轴式翻转机。该翻转机多用于焊接小型焊件，通过翻转使每一条焊缝均能调整到最佳的焊接位置。

图 5-17　可升降的框架式翻转机

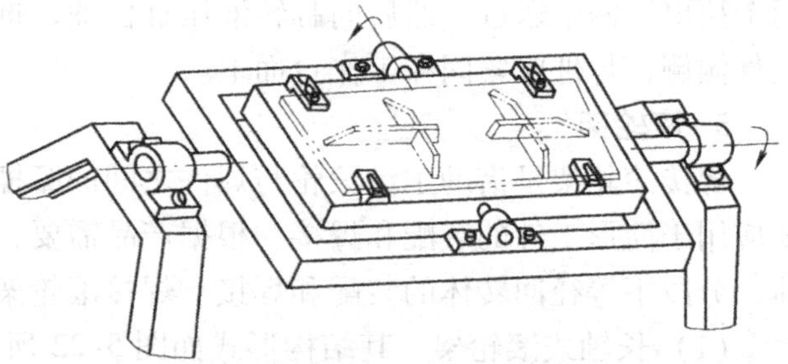

图 5-18　多轴式翻转机

（4）转环式翻转机　将焊件夹紧固定在由两个半圆环组成的支承环内，并安装在支承滚轮上，依靠摩擦力或齿轮传动方式翻转的机构称为转环式翻转机。图 5-19 所示是一种适用于长度和重量都相当大，截面非圆又不对称的焊件或梁类焊件的转环式翻转机。它具有水平和垂直两套夹紧装置，可用以夹紧和调整工作位置，使支承环处于平衡状态。两半圆环对中采用销钉定位，并用锁紧装置锁紧，支承滚轮安放在支承环外面的滚轮槽内，滚轮轴两侧装有两根支承杆。电动机经减速后带动支承环上的针轮传动系统，使支承环旋转。

生产中，应用转环式翻转机时应注意以下几点：

1）正确安装焊件，使其重心尽可能与转环的中心重合。

2）支承环的位置以不影响焊件的正常焊接为准。

3）采用电磁闸瓦制动装置时，应避免因支承环的偏心作用而自行旋转。

4）一般采用两个支承环同时担负对焊件的支承，一个为主动环，另一个为被动环。

（5）链条式翻转机　链条式翻转机主要用于经装配定位焊后自身刚性很强的梁柱等，如 I 形和口形截面焊件的翻转变位，其结构形式如图 5-20 所示。工作时，主动链轮带动链条上的工件翻转变位；从动链轮上装有制动器，以防止焊件因自重而产生的滑动；无齿链轮用以拉紧链条，防止焊件下沉。链条式翻转机的结构简单，焊件装卸迅速，但使用时应注意因翻转速度不均而产生的冲击作用。

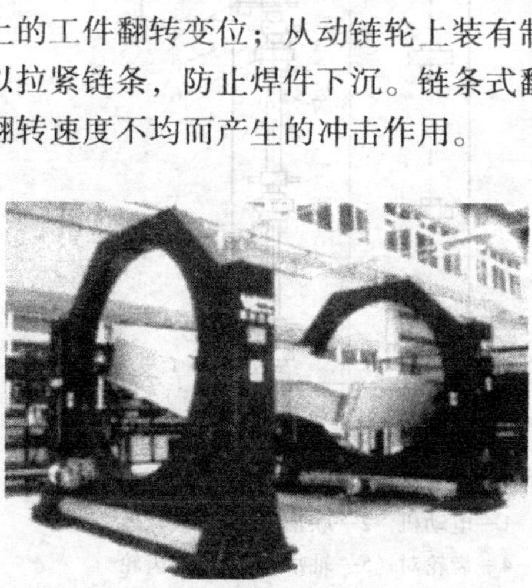

图 5-19　转环式翻转机

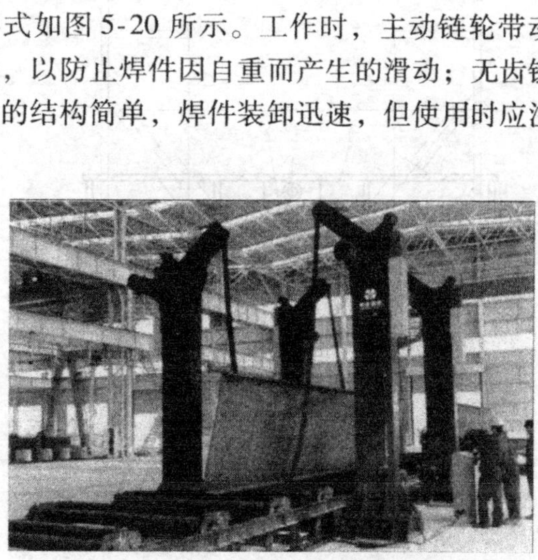

图 5-20　链条式翻转机

（6）液压双面翻转机　图5-21所示是液压双面翻转机结构，主要应用于小车架、基座等非长形板结构、桁架结构的倾斜变位。工作台1可向两面倾斜90°，并可停留在任意位置。

液压双面翻转机结构及工作特点是：在台车底座3的中央设置翻转液压缸2，上端与工作台1铰接。操作时，先由四个辅助液压缸（图中未画出）带动四个推拉式销轴4动作，两个拉出，两个送进。然后向翻转液压缸供油，推动工作台绕销轴转动倾斜。使用时为防止工件倾倒，焊件应紧固在工作台面上。

5. 滚轮架

焊接滚轮架是借助主动滚轮与焊件之间的摩擦力带动筒形焊件旋转的焊件变位机械，主要应用于筒形工件的装配和焊接。根据产品需要，适当调整主、从动轮的高度，还可进行锥体、分段不等径回转体的装配和焊接。焊接滚轮架按结构形式的不同有以下几种类型：

（1）长轴式滚轮架　其结构形式如图5-22所示，驱动滚轮布置在一侧，用轴和联轴器相连，由电动机经减速后驱动。为适应不同直径筒体的焊接，从动轮与驱动轮之间的距离可以调节。由于支承的滚轮较多，该滚轮架适用于长度大的薄壁筒体，而且筒体在回转时不易打滑，能较方便地对准两节筒体的环形焊缝。

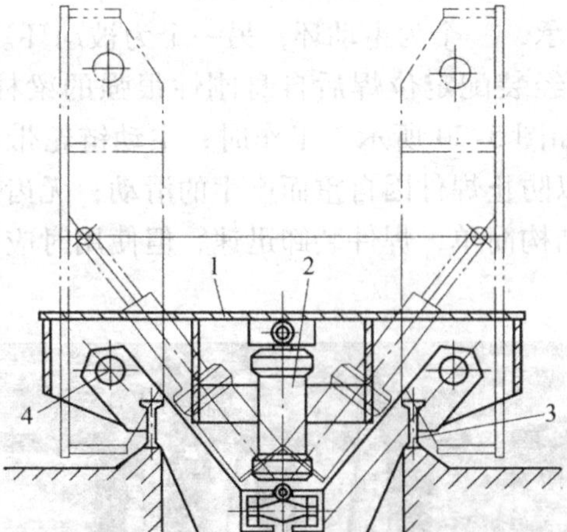

图5-21　液压双面翻转机

1—工作台　2—翻转液压缸

3—台车底座　4—推拉式销轴

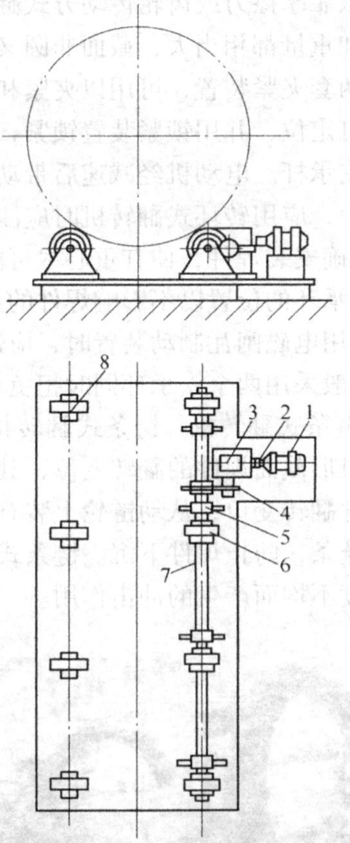

图5-22　长轴式滚轮架

1—电动机　2—联轴器　3—减速器

4—齿轮对　5—轴承　6—主动齿轮

7—公共轴　8—从动滚轮

（2）组合式滚轮架　图5-23所示为由电动机传动的主动滚轮组架与一个或几个从动轮组架配合而成的滚轮架结构。每组滚轮都是相对独立地安装在各自的底座上，且每组滚轮的轮距是可调的，以适应不同直径筒体的焊接。生产中，选用滚轮组架的多少可根据焊件的质量和长度确定。焊件上的孔洞和凸起部位，可通过调整滚轮位置避开。此种滚轮架使用方便灵活，对焊件的适应性强，是目前焊接生产中应用最广泛的一种结构形式。

（3）自调式滚轮架　自调式滚轮架如图5-24所示，仍属于组合式滚轮架一类，其主要的特点是可根据工件的直径自动调节滚轮组的摆角，主动架四只滚轮采用全齿轮啮合传动，实现四轮驱动，适应在一个工作地点装配和焊接不同直径筒体。此类滚轮架的滚轮对数多，对焊件产生的轮压小，可避免焊件表面产生冷作硬化现象或压出印痕，在滚轮摆架上设有定位装置，并可绕其固定心轴自由摆动，左右两组滚轮可以通过摆架的摆动固定在同一位置上；从动滚轮架是台车式结构，可在轨道上移行，根据焊件长度方便地调节与主动滚轮架的距离，扩大其使用范围。

图5-23　组合式滚轮架

图5-24　自调式滚轮架

（4）履带式滚轮架　图5-25所示是一种履带式滚轮架的结构形式。工作时，大面积的履带与焊件相接触，接触长度可达到工件圆周长度的1/6～1/3，有利于防止薄壁焊件的变形，且传动平稳。此类滚轮架适用于轻型、薄壁大直径的焊件及非铁金属容器，不足之处是焊件容易产生螺旋形轴向窜动。

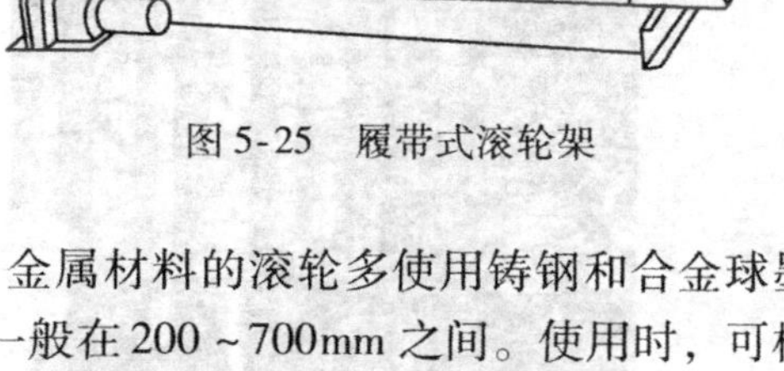

图5-25　履带式滚轮架

焊接滚轮架的滚轮结构及特点见表5-2。其中，金属材料的滚轮多使用铸钢和合金球墨铸铁制作，表面热处理硬度约为50HRC，滚轮直径一般在200～700mm之间。使用时，可根据滚轮的特点及适用范围进行选择。

表5-2　滚轮结构及特点

形　式	特　点	适用范围
钢轮	承受能力强，制造简单	一般用于60t以上的焊件和需热处理的焊件
橡胶轮	钢轮外包橡胶，摩擦力大，传动平稳，橡胶易压坏	一般多用于10t以下的钢制和非铁金属容器
组合轮	钢轮与橡胶轮相结合，承载能力比橡胶轮高，传动平稳	一般多用于10t以下的焊件

二、焊接操作机

焊接操作机是将焊接机头或焊枪准确送达并保持在待焊位置，或以选定的焊接速度沿规定的轨迹移动焊接机头，配合完成焊接操作的焊接变位机械。焊接操作机与焊接变位机械配合使用，可以完成多种焊缝，如纵缝、环缝、对接焊缝、角焊缝及任意曲线焊缝的自动焊接工作，也可以进行焊件表面的自动堆焊和切割工艺。

（1）平台式焊接操作机　平台式焊接操作机的基本结构形式如图 5-26 所示，将焊接机头放置在平台上，可在平台的专用轨道上作水平移动。平台安装在立架上且可沿立架升降。立架坐落在台车上，台车沿地轨运行，调整平台与焊件之间的位置。平台式焊接操作机有单轨式和双轨式两种类型，为防止倾覆，单轨平台式操作机须在车间的墙上或柱上设置另一轨道，双轨平台式操作机在台车上或支架上放置配重平衡，以增加操作机工作的稳定性。

平台式焊接操作机主要用于筒形容器的外纵缝和外环缝的焊接。焊接外纵缝时，容器放在滚轮架上，焊机在平台上沿专用轨道以焊接速度移动完成焊接。当焊接外环缝时，焊机固定，容器在滚轮架上回转完成焊接。一般平台上还设置起重电葫芦，用于吊装焊丝、焊剂等重物，从而保证生产的连续性。

（2）悬臂式焊接操作机　如图 5-27 所示，此种悬臂式焊接操作机的焊接机头安装在悬臂的一端，并可沿悬臂移动，可绕立柱回转和沿立柱升降。焊机可随悬臂沿地轨作纵向移动。当它与焊件翻转装置（如焊接滚轮架）配合使用时，可以焊接不同直径容器的纵环焊缝。应当指出，生产中采用立柱及台车沿地轨运动作为焊接速度是不恰当的，因此地轨的纵向运动仅用作调整悬臂与容器之间的相对位置。

图 5-26　单轨平台式焊接操作机

图 5-27　悬臂式焊接操作机

图 5-28 是另一种形式的悬臂式焊接操作机，主要用来焊接容器的内纵缝和内环缝。悬臂 3 上面安装有专用轨道。当焊接内纵缝时，可把悬臂放在容器的内壁上，焊机在轨道上移动；当焊接内环缝时，焊机在悬臂上固定，容器依靠滚轮架回转而完成工作。悬臂通过升降

机构2与行走台车1相连，悬臂的升降是由手轮通过蜗杆副和螺纹传动机构来实现的。为便于调整悬臂高低和减少升降机构所受的弯曲力矩，安装了平衡锤用以平衡悬臂。行走台车上装有电动机，经减速机构驱动台车后轮，用来调整悬臂与容器之间的位置。

（3）伸缩臂式焊接操作机　伸缩臂式焊接操作机是在悬臂式焊接操作机的基础上发展起来的，其结构也基本相仿，如图5-29所示。伸缩臂式焊接操作机的工作特点如下：

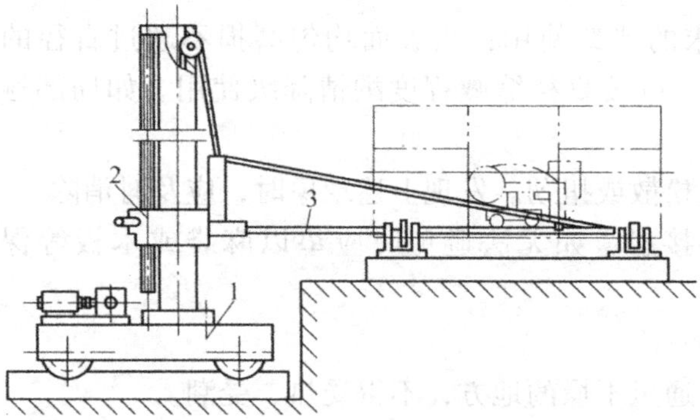

图5-28　悬臂式焊接操作机示意图

1—行走台车　2—升降机构　3—悬臂

图5-29　伸缩臂式焊接操作机

1）该操作机具有台车行走、立柱回转、伸缩臂的伸缩与升降4个运动，作业范围大，机动性强。

2）操作机的伸缩臂能以焊接速度运行，所以与焊接变位机、滚轮架配合，可以完成筒体、封头内外表面的焊接以及螺纹形焊缝的焊接。

3）在伸缩臂的一端除安装焊接机头外，还可安装割炬、磨头、探头等工作机头，可完成切割、打磨和探伤等作业，扩大该机的适用范围。

4）该操作机可以完成各种工位上内外环缝和内外纵缝的焊接任务。

5）操作机的各种运动平稳，无卡模现象，运动速度均匀。

模块三　吊装设备

一、起重用工具与机具

1. 起重绳索

绳索是在起重吊装工作中用来捆绑、索引、溜拉和提升物件的索具，常用的有麻绳、钢丝绳、尼龙绳、涤纶绳及链条等。这里只介绍常用的麻绳和钢丝绳。

（1）麻绳　麻绳具有轻便、柔软、携带方便、容易捆绑等优点，但其强度较低，易于磨损、破断和腐蚀，而且新旧麻绳的强度变化也很大。因此，麻绳只适用于系挂物体、人力搬运和起重质量较小的设备和零部件。

麻绳是用植物麻纤维搓捻成的一种绳索。在起重吊装施工中一般采用机制麻绳。麻绳种类较多，常见的有白麻绳和棕绳，其编制形式分三股、四股和九股三种，一般施工现场多选用棕绳和九股编制形式的麻绳。麻绳又分浸油和不浸油两种，检修时常选用不浸油的麻绳。

麻绳在起重吊装工作中主要是受拉伸作用，因此，选用麻绳时都要进行抗拉强度的计算。计算方法详见有关书籍或手册。

麻绳在使用与保养中，还应注意以下几个方面的问题。

1）麻绳只适用于吊装工具及轻便工件的移动和起吊，或用作吊装工件的手拉溜绳。在机械驱动的起重机具中不得使用。

2）麻绳使用前应认真检查，不符合要求的严禁使用；当表面均匀磨损不超过直径的30%，局部触伤不超过同断面直径的10%时，可按直径缩减程度酌情降级使用。如局部触伤和腐蚀严重，可截去受损部分插接使用。

3）麻绳不得向一个方向连续扭转，以免松散或扭劲。发现上述现象时，应及时消除。

4）麻绳使用中严禁与锐利的物体直接接触，如无法避免时应垫以麻袋或木板等保护物。

5）麻绳不得与酸、碱等腐蚀性介质接触。

6）麻绳用后应及时清理卷好，并存放在通风干燥的地方，不得受热、受潮。

（2）钢丝绳　钢丝绳具有强度高，自重轻，挠性好，能承受冲击性载荷，高速运行时运转稳定，没有噪声，破断前有断丝预兆，整个钢绳不会立即折断，成本较低等优点，所以在起重、捆扎、牵引和张紧等方面有着广泛应用，是起重吊装操作中使用最广泛的绳索之一。

1）钢丝绳分类。按GB 8918—2006重要用途钢丝绳将其主要分为两大类，即圆股钢丝绳和异形股钢丝绳。起重作业时用的钢丝绳均为圆股钢丝绳。圆股钢丝绳是首先将若干根钢丝拧成钢丝股，然后再由几个钢丝股绕一绳芯拧制而成的。绳芯主要有有机芯、石棉芯和金属芯三种。其中，有机芯多用浸透润滑剂的麻绳做成，由于工作时能起润滑作用，故使用较多。

钢丝绳按结构分类可分为单捻钢丝绳、双捻钢丝绳和三捻钢丝绳三种。单捻钢丝绳不宜做起重绳，适合于做张紧绳、架空索道的承载绳；双捻钢丝绳广泛用于起重；三捻钢丝绳制造复杂，起重机很少应用。

钢丝绳按捻向可分为同向捻、交互捻和混合捻，如图5-30所示。交互捻是由钢丝绕成的股与由股绕成的绳方向正好相反，因不易松散扭转，广泛应用于起重机构中。

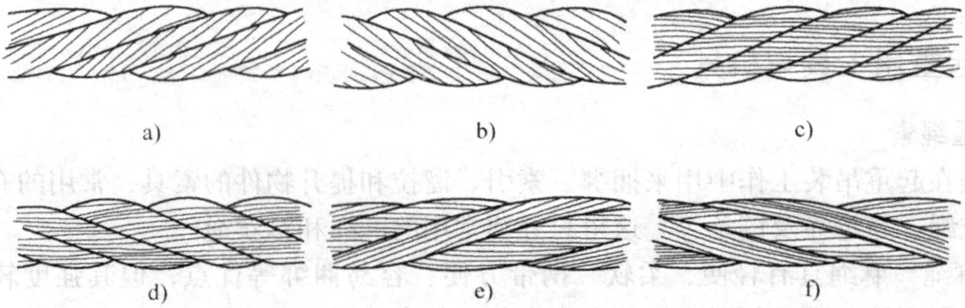

a)　b)　c)

d)　e)　f)

图5-30　钢丝绳的类型

a）左同向捻　b）右同向捻　c）左交互捻　d）右交互捻　e）左混合捻　f）右混合捻

2）钢丝绳标记。钢丝绳的标记方法由英文字母与数字相结合的方法表示。各种不同结构类型的钢丝绳标记方法有所不同，以起重机用钢丝绳型号 D-6×37+1-35-150 为例，其中 D 表示起重机械钢丝绳类型代号；数字 6 表示钢丝绳的股数；数字 37 表示每股钢丝数；数字 1 表示钢丝绳的绳芯为有机芯；数字 35 表示钢丝绳直径为 35mm；数字 150 表示公称抗拉强度为 $150kg/mm^2$。具体标记方法详见 GB/T 8706。

3）钢丝绳打结与接头。钢丝绳在连接或捆扎物体时，需要打各种结。钢丝绳常用的打结方法如图 5-31 所示。为了便于钢丝绳与其他部分的连接，在钢丝绳的末端常做成各种形式的接头，如图 5-32 所示。

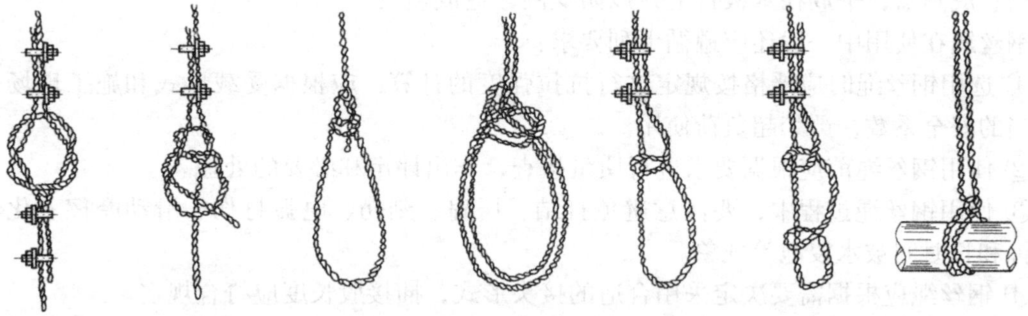

图 5-31　钢丝绳常用的打结方法

a）平结　b）双圈展帆结　c）航海结　d）双航海结　e）单套圈结　f）双套圈结　g）死套

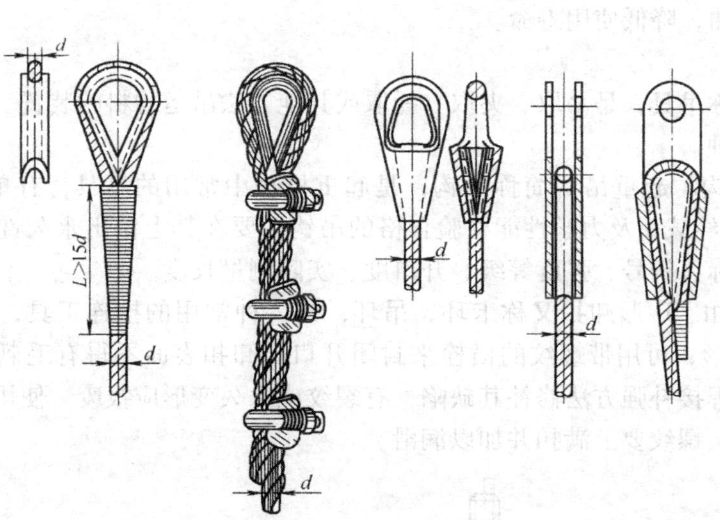

图 5-32　钢丝绳末端的接头

a）钢丝缠绕式　b）绳夹夹紧式　c）灌铅式　d）模块夹紧式

4）钢丝绳的报废。起重用钢丝绳在使用过程中，由于受力、摩擦、腐蚀等作用，将逐渐遭到损坏。为防止其在使用过程中发生意外事故，保证安全生产，国家标准 GB/T 5972—2009《起重机　钢丝绳　保养、维护、安装、检验和报废》中规定了报废条件。主要内容有：在相应使用条件下，钢丝绳在规定长度范围内断裂钢丝数达到规定的数值时必须报废；

出现整根绳股断裂应报废；外层钢丝磨损达到其直径的40%时应报废；如果由于外部磨损使钢丝绳实际直径相对公称直径减小7%或更多时，即使未发现断丝也应报废；因腐蚀表面出现深坑，钢丝相当松弛时应报废。但钢丝绳的损坏通常是由多种综合因素造成的，技术人员应根据各方面的累积效应综合判断并决定是否报废。

5）钢丝绳正确维护、使用与保养。一般规定使用或储存钢丝绳时，为减少或避免钢丝绳的机械磨损、自然腐蚀和局部触伤等情况的发生，应定期涂刷保护油。对长期使用的钢丝绳，至少每隔4个月要涂刷一次，短期使用不超过一年的，原则上在使用前涂刷一次即可。对于入库储存的钢丝绳，除了预先将绳表面污垢清除干净，涂刷一层保护油外，还应把钢丝绳轻松卷成圆盘，平放在木板台上，以防受潮，造成损失。

钢丝绳在使用中一般还应遵循下列要求：

① 选用钢丝绳时应严格按规定进行抗拉强度的计算。应根据受载形式和施工现场来选择适当的安全系数，严禁超负荷使用。

② 使用钢丝绳前应根据要求进行质量检查，作出评定和必要的处理。

③ 使用钢丝绳过程中，要注意避免打结、压扁、刻伤、电弧打伤、滑动摩擦、化学介质侵蚀和长时间被水浸泡等现象。

④ 钢丝绳应根据需要决定采用合适的接头形式，插接股长度应符合规定。

⑤ 不同的用途要选择合理的钢丝绳结构形式，如拖拉绳可选择6×19结构形式的钢丝绳。做起吊绳则选择6×37结构形式的钢丝绳。

⑥ 新钢丝绳开卷解开时，方法要正确。避免由于方法不当使钢丝绳形成环圈扭结，使绳股产生疲劳弯曲，降低使用寿命。

2. 取物装置

取物装置又称吊具，是吊取、夹取、托取或其他方法吊运物料的装置。工厂中常用的取物装置有以下几种。

（1）起重吊钩　起重吊钩简称吊钩，是起重机械中常用的吊具，有单钩和双钩两种，如图5-33所示。经载荷及力学性能检验合格的吊钩，要在其上做出永久性标志。标志内容有制造厂名或厂标、钩号、强度等级、开口度、实际测量长度。

（2）D形卸扣　D形卸扣又称卡环、吊环，是一种常用的拴连工具，如图5-34所示。它的外形似U字形，可用带螺纹的横栓来封闭开口。卸扣表面不得有毛刺、裂纹、夹层等缺陷，也不得用焊接补强方法修补其缺陷，有裂纹或永久变形应报废。使用时作用力方向应垂直销轴中心线，螺纹要上满扣并加以润滑。

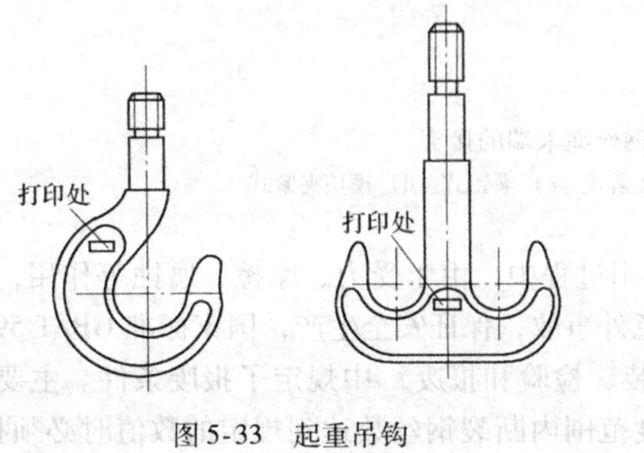

图5-33　起重吊钩

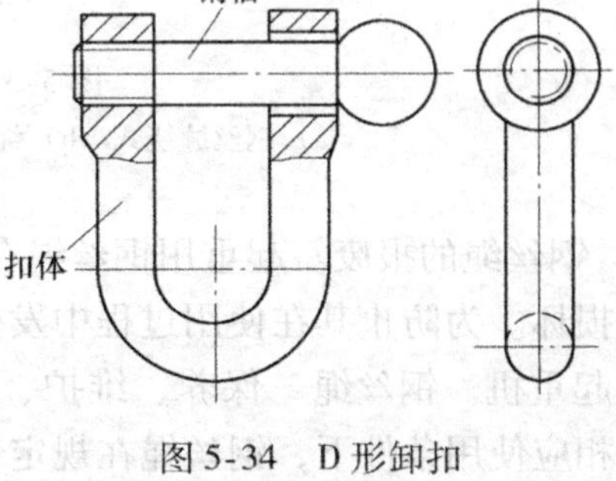

图5-34　D形卸扣

(3) 吊索和吊链　吊索又称吊绳，是用来捆吊重物用的一种钢丝绳。制造吊索应使用柔软的钢丝绳。吊索可分为万能吊索（封口的）、单钩吊索和双钩吊索三种，如图5-35所示。吊索的特点是自重小、刚性大，不能用于起吊高温重物。

吊链是用起重链制成的，用于捆吊重物。吊链可分为万能吊链（封口的）、单钩吊链和双钩吊链三种，如图5-36所示。吊链的特点是自重大、挠性好，多用于起吊重力大或高温的物料。

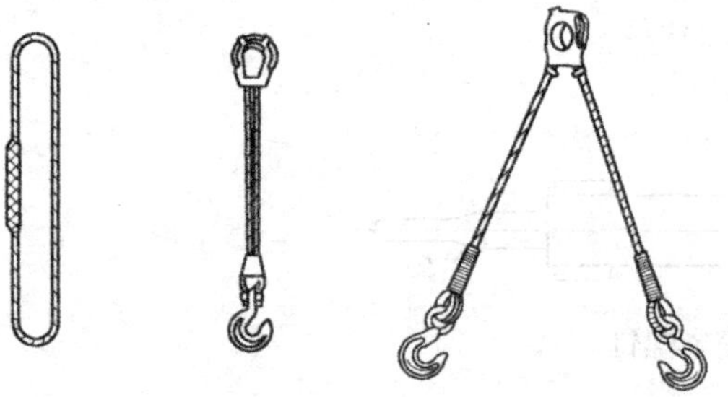

a)　b)　c)

图5-35　吊索

a）万能吊索　b）单钩吊索　c）双钩吊索

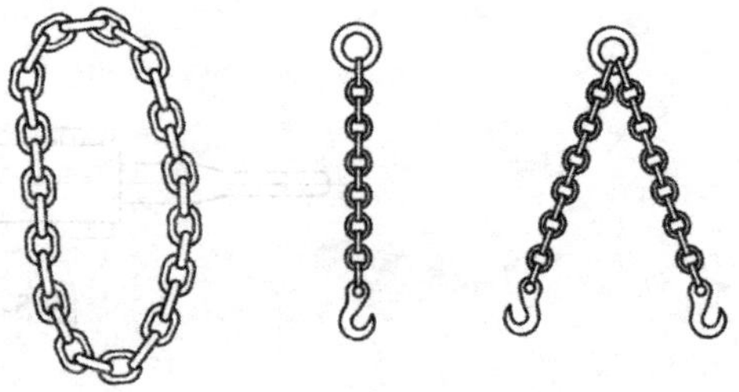

a)　b)　c)

图5-36　吊链

a）万能吊链　b）单钩吊链　c）双钩吊链

(4) 起重横梁　如图5-37所示，横梁上对称装有两个或两个以上的吊钩、夹钳等吊具，一般用于吊运长形物料，如各种尺寸的棒料、管子等。

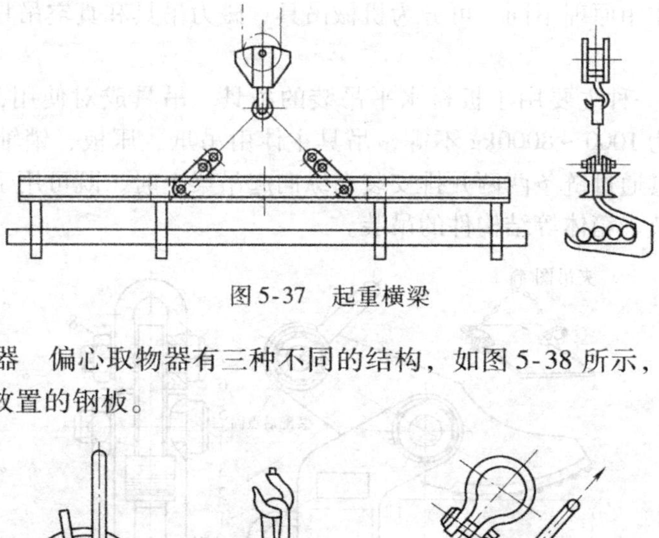

图5-37　起重横梁

(5) 偏心取物器　偏心取物器有三种不同的结构，如图5-38所示，它们分别用来抓取和提吊垂直或水平放置的钢板。

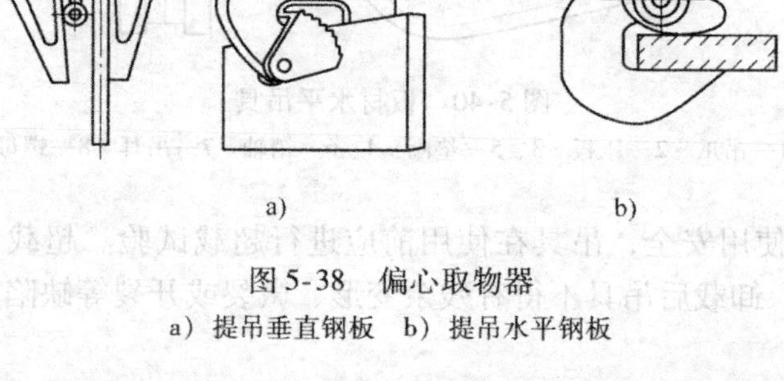

a)　b)

图5-38　偏心取物器

a）提吊垂直钢板　b）提吊水平钢板

（6）松紧螺钉　松紧螺钉又名拉紧器，是用来调整钢丝绳的工具，如图5-39所示。

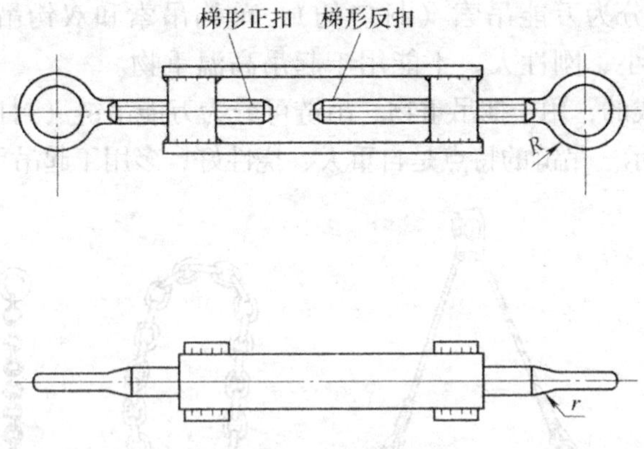

图5-39　松紧螺钉

二、装焊吊具

在焊接结构生产中，各种板材、型材以及焊接构件在各工位之间时常要往返吊运，有时还要按照工艺要求进行焊件的翻转、就位、分散或集中等作业，生产准备中的吊装工作量很大，吊装过程中若采用与工件截面形状相应的吊具，对提高输送效率、节省工时、减轻捆挂作业强度及安全生产都起着重要作用。

装焊吊具按其作用原理不同，可分为机械吊具、磁力吊具和真空吊具三类。

1. 机械吊具

图5-40所示是一种主要用于板材水平吊装的吊具。吊具成对使用，按照不同的规格，每对吊具的起重量为1000～8000kg不等，吊具主体由吊爪、压板、销轴及吊耳等组成。使用时，若将4个吊具通过链条两两并排安装在纵向起吊梁上时，既可用于较长、较薄板材的吊装，还可用于筒节、箱体等结构件的吊装。

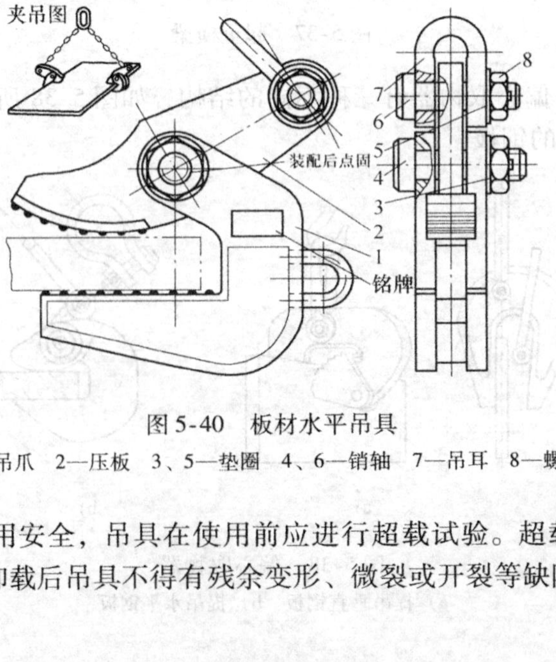

图5-40　板材水平吊具

1—吊爪　2—压板　3、5—垫圈　4、6—销轴　7—吊耳　8—螺母

为了保证吊具的使用安全，吊具在使用前应进行超载试验。超载量规定为额定载荷的25%，并持续10min，卸载后吊具不得有残余变形、微裂或开裂等缺陷方可使用。

2. 磁力吊具

在磁力吊具中，有永磁式、电磁式及永磁-电磁式吊具。永磁-电磁式吊具是由永久磁铁和电磁铁两部分组成，利用永磁铁吸附焊件，用电磁铁改变极性以增强和削弱磁力。图5-41所示为一种永磁-电磁吊具的结构形式，当吊具与焊件接触的初期，给电磁铁通电并使电磁铁极性与永久磁铁的极性相同，以增加吸附力，使焊件牢牢吸附在吊具上，然后关断电流，转为仅依靠永久磁铁吸附焊件；当需要卸料时，反向给电磁铁通入电流，使其极性与永久磁铁的极性相反，抵消永久磁铁的磁力，达到迅速卸料的目的。

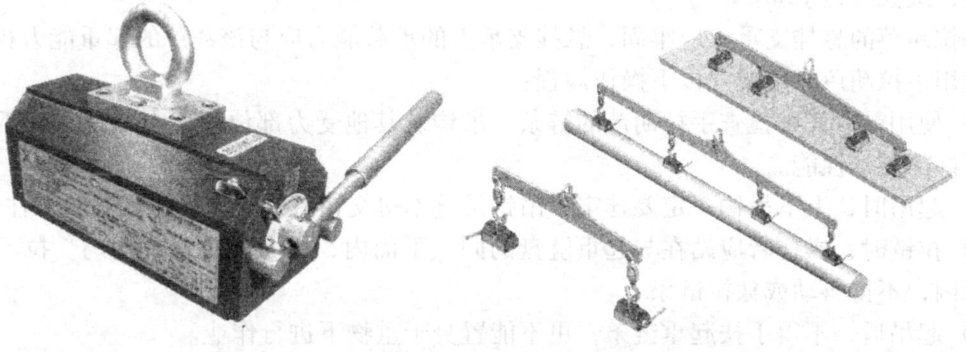

图5-41　磁力吊具及应用

这类吊具的优点是：其一，安全可靠，无需担心因停电和其他电器故障而发生工件坠落造成人身和设备事故；其二，省电，通电时间短，耗电量少，是一种节能型的安全吊具。应注意磁力吊具仅限于对导磁材料的吊运，而不能用来吊运铜、铝、奥氏体不锈钢等非导磁性材料。

3. 真空吊具

图5-42是一种真空吊具，它由吸盘1、照明灯2、吊架3、管路4、换向阀5及分配器6组成。工作时，依靠真空泵将吸盘内抽真空吸附焊件7。由于吸力有限，因而主要用于吊运表面平整、重量不大的薄型板材。

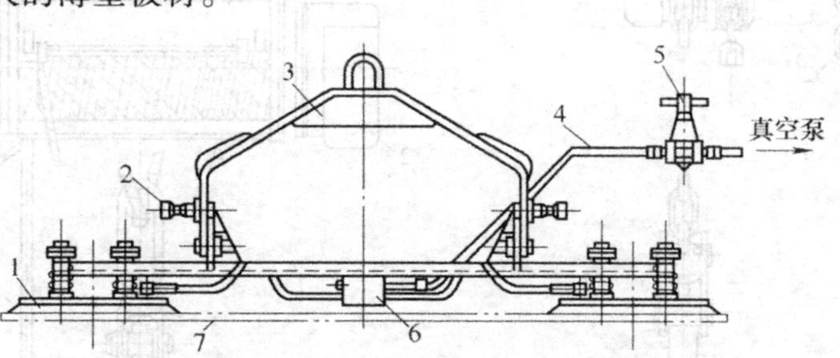

图5-42　真空吊具

1—吸盘　2—照明灯　3—吊架　4—管路　5—换向阀　6—分配器　7—焊件

三、葫芦

葫芦是一种具有挠性牵引件、结构紧凑的小型起重设备。工作时，通常将其悬挂于高处或挂在架空行走的小车上。葫芦按驱动方式可分为手拉葫芦和电动葫芦。

1. 手拉葫芦

手拉葫芦俗称斤不落或倒链，是一种以焊接环链为挠性承重件的起重工具，其外形通常如图5-43所示。

起重时，用挂钩将手拉葫芦悬挂在一定高度，捆绑重物的吊索挂在吊钩上，拉动手拉链条（使链轮顺时针方向转动），可将重物吊起。若要使重物下降，只需反向拉动手拉链条即可。

手拉葫芦起重量为5~300kN，起升高度为2.5~3m。如选用较长起重链条，可增大起升高度，最大可达12m。

手拉葫芦的悬挂支承点应牢固，悬挂支承点的承载能力应与该葫芦的起重能力相适应。

使用手拉葫芦时应遵守以下操作规程：

1）使用前应详细检查手拉葫芦的链条、吊钩及其他受力部位不应有裂纹，棘爪弹簧应具备良好的制动性能。

2）起吊时，上下吊钩一定要挂牢，吊钩吊链不得交错打结，以防止提升时卡住吊链。

3）拉链时，操作者应站在与起重链盘的同一平面内，用力应缓慢、均匀。拉不动时应检查原因，不得抖动或猛拉链条。

4）起吊后，不得手扶起重链条，更不能置身于重物下进行作业。

2. 电动葫芦

电动葫芦是一种固定于高处，直接用于垂直提升物品的小型轻便的电动起重设备。图5-44所示为常用的钢丝绳式电动葫芦。它是由带制动器的电动机、减速器、卷筒、电动

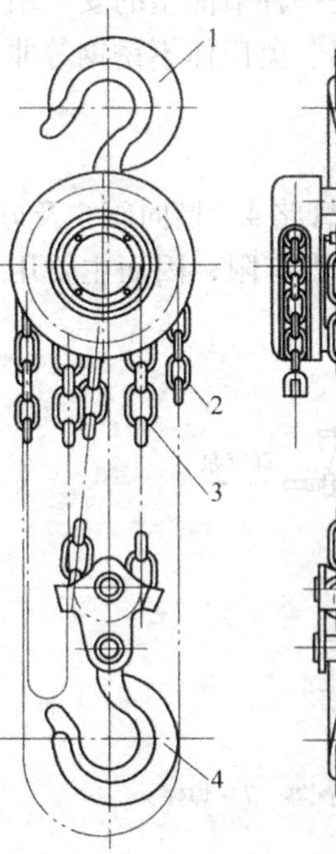

图5-43 手拉葫芦外形

1—挂钩 2—手拉链条

3—起重链条 4—吊钩

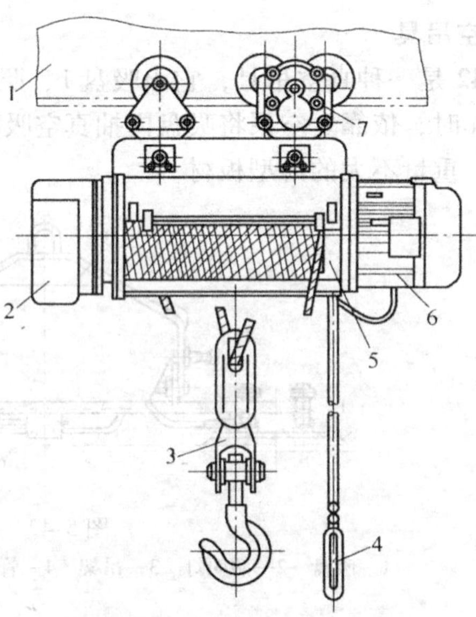

图5-44 钢丝绳式电动葫芦

1—工字形钢轨 2—减速器 3—吊钩装置

4—电气设备 5—卷筒 6—电动机

7—电动运行小车

小车、吊钩装置和电气设备组成，电动机通过减速器带动卷筒旋转，使吊在吊钩装置上的物品提升或下降。电动小车可沿架空工字形钢轨运行。电动葫芦的起升机构和运行机构都是在地面用电气设备通过软电缆来操纵的。电动葫芦结构紧凑、自重轻、操作维修方简便、工作可靠，因此应用十分广泛。常用电动葫芦的起重量为1～100kN，起升高度为3～30m，起升速度为4～10m/min。

电动葫芦不适于在有火焰危险、爆炸危险和充满腐蚀性气体的介质中及相对湿度大于85%的场所里工作，也不宜用来吊运熔化金属和有毒有害、易燃易爆物品。

电动葫芦只有正确使用，才能保证操作人员的人身安全和电动葫芦的正常运行，延长其使用寿命。电动葫芦在使用过程中应注意下列操作规程：

1）不超负荷使用。

2）使用前应检查起升和运行两大机构是否正常，按钮能否控制制动器，发现问题应修复后才能使用。

3）经常检查挂钩、钢丝绳的完好状况，如有裂纹、断股应及时更换。

4）使用电动葫芦吊运重物时，严禁置身于重物及横梁下进行作业。

5）不宜将重物长时间悬挂在半空中，以防止零件发生永久变形。

6）电动葫芦在工作中如发现制动后重物下滑量过大，就要对制动器进行调整。

四、起重机

1. 桥式起重机

桥式起重机也称天车，外观呈桥形，如图5-45所示。桥式起重机是由桥架、桥架运行机构、起重小车、小车运行机构、起升机构和操作室等部分所组成。桥架安装在厂房或露天货场立柱上的吊车梁上，整机通过滚轮沿两侧梁上轨道作纵向运动，起重小车在桥架主梁上沿小车轨道作横向运动，起重小车上的吊钩可作上下的垂直运动，在一定空间范围内可到达任意位置。因此，可完成重物三维方向的起吊运动。

图5-45　桥式起重机

桥式起重机的类型较多，按主梁数目可分为单梁和双梁；按驱动方式可分为手动和电动。目前应用广泛的是电动单梁和双梁桥式起重机。

通用桥式起重机的起重量可达5000kN，跨度达50～60m。在有爆炸性气体的生产车间所用的桥式起重机，必须采取严格的防爆措施，禁止采用裸线滑点接触式输电，而应采用长距离可伸缩的软电缆来输电。

2. 门式起重机

门式起重机运行的轨道直接铺设在地面，与桥式起重机一样，门式起重机也是由桥架、起重小车、小车运行机构、起升机构等部分组成，如图5-46所示。不同的是桥架的两端安装在由两个箱形梁焊接而成的三角形钢结构上，滚轮安装在三角形钢结构底部的横梁下方。整机通过滚轮沿两侧轨道作纵向运动。

图5-46 门式起重机

焊接结构的总装

装配是将加工好的零、部件，采用适当的工艺方法，按生产图样和技术要求连接成部件或整个产品的工艺过程。装配工序的工作量大，约占整体产品制造工作量的30%~40%，且装配的质量和顺序将直接影响焊接工艺、产品质量和劳动生产率。所以，提高装配工作的效率和质量，对缩短产品制造周期、降低生产成本、保证产品质量等方面，都具有重要的意义。

模块一　焊接结构的装配-焊接顺序

焊接结构制造时，装配与焊接的关系十分密切。装配与焊接往往是交替进行的，因此，在制订装配工艺过程中，要全面分析，使所拟定的装配工艺过程有利于后续各个工序。在确定部件或结构的装配顺序时，不能单纯孤立地只从装配工艺的角度去考虑，必须与焊接工艺一起全面分析，实际上就是装配焊接顺序的确定。

装配-焊接顺序基本上有三种类型：整装整焊、随装随焊和部件装焊-总装焊。

一、整装整焊

整装整焊的装焊工艺是将全部零件按图样要求装配起来，然后转入焊接工序，将全部焊缝焊完，形成完整的焊接结构。此种类型的装焊工序是装配工人与焊接工人各自在自己的工位上完成，可实行流水作业，停工损失很小。装配工作在装配夹具、定位器等专用或通用工艺装备上进行，焊接可采用滚轮架、变位机、回转台、翻转机等工艺装备和先进的焊接方法，有利于提高装配-焊接质量。该方式焊接变形小，但应力大，并且可达性差。但这种方法适用于结构简单的产品。批量生产或单件小批生产的产品通常也用该方式。

二、随装随焊

随装随焊的装焊工艺是先将若干个零件组装起来，随之焊接相应的焊缝，然后再装配若干个零件，再进行焊接，即装配焊接交替进行，直至全部零件完成装焊。这种方法是装配工人与焊接工人在一个工位上交替作业，影响生产效率，也不利于采用先进的工艺装备和工艺方法。因此，此种方法仅适用于单件小批的复杂结构产品的生产。

三、部件装焊-总装焊

“部件装焊-总装焊”的装焊工艺是将结构件分解成若干个部件，先由零件装配成部件，然后再由部件装配-焊接成结构件，最后再把它们焊成整个产品。这种方法可实行流水作业，几个部件可同步进行，有利于应用各种先进工艺装备和采用先进的焊接工艺和方法。因此，此类型装焊工序适用于可分解成若干个部件的复杂结构的生产，如铁道车辆、汽车筒体结构、起重机桥架等；即使是单件小批生产的结构，也应尽可能分解成部件，以便组织部件装配焊接，如船体结构。

本课程的项目载体空气储罐的制造也适用于此种方法，因此，详细介绍一下此种装配方法的特点及优越性。

1. 部件装焊-总装焊法的优越性

部件装焊-总装焊法能促使生产效率的提高，改善产品质量和工人的劳动条件，同时，对加强生产管理，协调各部件的生产进度，保证生产的节奏起到很大的促进作用。部件装焊-总装焊法的优越性表现在以下几个方面：

1）提高装配-焊接的质量，改善工人的劳动条件。把整体的结构划分成若干部件以后，它们就变得重量较轻、尺寸较小、形状简单，因而便于操作。同时把一些需要全位置操作的工序改变为便于操作的位置施焊，尽量减少立焊、仰焊、横焊位置，并且可将角焊缝的焊接变为船形位置的焊接。

2）容易控制和减小焊接应力及焊接变形。在划分部件时，要充分考虑到将部件的焊接应力与焊接变形控制到最小。一般都将总装配时的焊接量减少到最小，以减小可能引起的焊接变形。另外，在部件生产时，可以比较容易地采用胎架或其他措施来防止变形，即使已经产生了较大的变形，也比较容易修整和矫正。

3）缩短产品的生产周期。生产组织中各部件的生产是平行进行的，避免了工种之间的相互影响和等候。生产周期可缩短1/3～1/2，对于提高工厂的经济效益是非常有利的。

4）提高生产面积的利用率，减少和简化总装时所用的胎位数。

5）在成批和大量生产时可广泛采用专用的胎架，分部件以后可以大大地简化胎架的复杂程度，并且使胎架的成本降低。另外，工人有专门的分工，熟练程度可提高。

2. 部件的合理划分

正由于部件装焊-总装焊法有许多优点，在各种生产规模条件下，都要考虑结构划分为部件，便于增加部件装配焊接的可能和办法。合理划分部件是体现上述优越性的关键，通常应考虑以下几个方面：

1）尽可能使各部件本身是一个完整的构件，便于各部件间最后的总装。另外，各部件间的结合处应尽量避开结构上应力最大的地方，避免结构强度受到影响。

2）能最大限度地发挥部件生产的优点，使装配工作和焊接工作方便，同时在工艺上易于达到技术条件的要求，如焊接变形的控制，防止因结构刚性过大而引起裂纹的产生等。

3）划分部件时，还应考虑现场生产能力和条件对部件在重量上、体积上的限制。对焊后要进行热处理的大部件，应考虑到退火炉的容积大小等问题。

4）在大量生产的情况下，应考虑生产均衡性的要求。

模块二　空气储罐总体装配

空气储罐的制造采用了部件装焊-总装焊法的装焊工艺，部件装焊包括：筒节与筒节装焊成筒体；封头与筒体装焊成罐体；支座组件的装焊；人孔及各种接管组件的装焊。部件装焊任务完成后进行压缩空气储罐的总装焊。

一、筒节间环焊缝的装配与定位焊

1. 装配前的准备

1）装配前应熟悉施工图样、技术标准和技术要求，并熟悉装配场地。一般地，筒节装配的技术要求包括错边量、对接间隙、同轴度、筒体直线度等。筒节环缝组对造成的错边量不大于钢板名义厚度的15%加1mm，且不超过6mm，应符合表6-1的规定；按照规范和焊工的技艺对正间隙，且终焊端比始焊端间隙略大；除图样另有规定外，筒体焊后直线度不大于1.5mm/m，筒体全长L内的直线度应符合表6-2的要求；相邻筒节A类接头焊缝应错开一定距离，至少应为较厚钢板厚度的3倍，且不小于100mm；对接环缝和两节圆筒的同轴度误差都符合技术要求，不得大于1mm。

表6-1　A、B类焊接接头对口错边量规定　（单位：mm）

对口处钢材厚度	按焊接接头类别划分对口错边量 b		对口处钢材厚度	按焊接接头类别划分为对口错边量 b	
	A	B		A	B
≤12	$\leqslant\delta_s/4$	$\leqslant\delta_s/4$	>40～50	≤3	$\leqslant\delta_s/8$
>12～20	≤3	$\leqslant\delta_s/4$			
>20～40	≤3	≤5	>50	$\leqslant\delta_s/6$，且≤10	$\leqslant\delta_s/8$，且≤20

表6-2　筒体直线度规定

筒体长度L/m	≤5	5<L≤7	7<L≤10	10<L≤15	>15
直线度/mm	≤5	≤7	≤10	≤15	≤20

2）准备装配用工具、设备及测量器具。常用的装配工具有大锤子、小锤子、錾子、手砂轮、撬杠、扳手及各种划线用的工具等。常用的量具有钢卷尺、金属直尺、水平尺、直角尺、线锤及各种检验零件定位情况的样板等。

3）准备定位焊用设备及工具。定位焊采用的焊接方法为焊条电弧焊，常用焊条电弧焊电源有BX—500型弧焊变压器和ZXG—300型弧焊整流器等；常用的工具有焊钳、焊接电缆、面罩、清渣工具、焊条保温桶等；常用量具有金属直尺、游标卡尺、焊缝量规等。

4）产品装配前，应对上道工序转来或零件库中领取的零、部件进行检查和核对，同时对零、部件的连接处的表面进行去毛刺、除锈垢等清理工作。

2. 装配过程

圆筒形工件的装配可分为卧装和立装两类。筒体卧装主要用于直径较小和长度较长的筒体装配，装配时需借助于装配胎架，如图6-1所示。筒体立装主要用于直径较大和长度较短的筒节拼装，如图6-2所示。立式空气储罐的筒体装配采用卧装法，按图样规定的方位，将筒节放在滚轮架上组装，其具体过程如下：

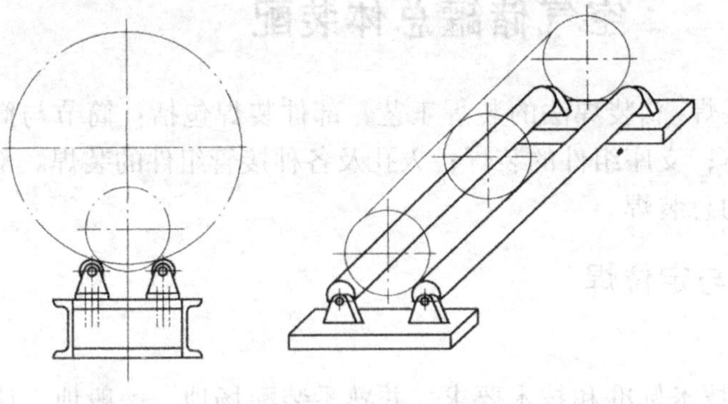

图 6-1　筒体卧装对接

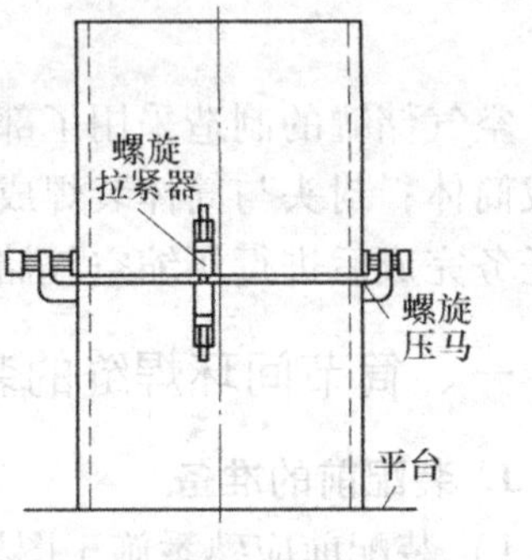

图 6-2　筒体立装对接

1）按照立式压缩空气储罐制作的技术要求对各待装配的圆筒节进行检验，主要检查其直径、圆度、接口端面的水平度、坡口等。其中各圆筒节的圆度可以在筒体内使用径向推撑器来调整，如图 6-3 所示。

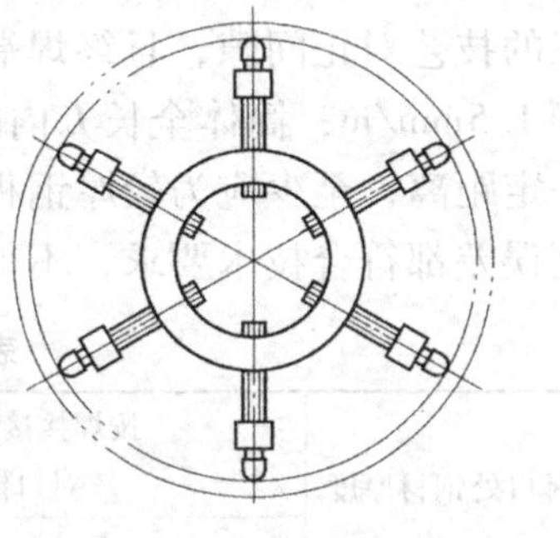

图 6-3　用径向推撑器装配筒体

2）将圆筒节分别吊装到焊接滚轮架上，按照筒体装配的技术要求将两筒节用螺旋压板等将环向焊缝逐段对准到适合的焊接位置，用金属直尺检查对装间隙、同轴度等，并进行矫正，筒节间的对口处可用对口调节器等调整两筒节边缘错边，用加减丝调整间隙至装配要求。筒体装配尺寸见表 6-3。

表 6-3　工件组装尺寸

板厚/mm	坡口角度/(°)	对装间隙/mm	钝边高度/mm
8	60 ±5	0 ~2	≤1

3. 定位焊

（1）定位焊与定位焊缝　焊前为固定焊件的相对位置进行的焊接操作称为定位焊。定位焊形成的短小而连续的焊缝称为定位焊缝。通常定位焊缝都比较短小，焊接过程中，都作为正式焊缝的一部分保留在焊缝金属中，因此定位焊缝质量的好坏、位置、长度和高度是否合适，将直接影响到正式焊缝的质量及焊件的变形。

（2）定位焊要求　在压力容器制造过程中，为控制所组装的零部件的几何形状与相关尺寸，通常采用手工（或半自动）定位焊来固定。焊接定位焊缝时，必须做到以下几点：

1）定位焊时应在坡口内引弧，且应考虑由考核合格的焊工焊接，所用的焊条应与正式施焊的焊条相同。定位焊用的焊接电流可比正式焊缝用的焊接电流大 10% ~15%。

2）在保证焊件位置相对固定的前提下，定位焊缝的数量应减到最少。定位焊缝的厚度应不小于根部焊缝的厚度，其长度应不小于较厚板材厚度的 4 倍或不小于 50mm。定位焊缝的尺寸见表 6-4。

表 6-4　定位焊缝的尺寸

焊件厚度/mm	定位焊缝余高/mm	定位焊缝长度/mm	定位焊缝间距/mm
≤4	<4	5~10	50~100
4~12	3~6	10~20	100~200
>12	>6	15~30	200~300

3）定位焊缝的质量应与正式焊缝的质量相同，必须保证熔合良好，焊道不能太高，引弧和收弧处应圆滑而不能太陡，防止焊缝接头处两端焊不透。

4）定位焊缝不能焊在焊缝交叉或焊缝方向发生急剧变化的地方，通常至少应离开50mm以上。定位焊缝应尽可能焊在坡口的反面、型材的内缘和单面连续焊缝的另一边。

5）由于定位焊经常伴随着多种焊接缺陷，所以当需要在承压焊缝的坡口内实施定位焊固定，应考虑在焊缝清根时可否将此定位焊缝彻底清除干净，否则对此类的定位焊应严加控制。对于高强度钢焊件，应避免在焊道内实施定位焊。

6）定位焊可以在焊道外的母材上进行，如需对组装焊缝的错边进行调整定位或防变形而焊接的拉紧板、定位板等，如图6-4所示。

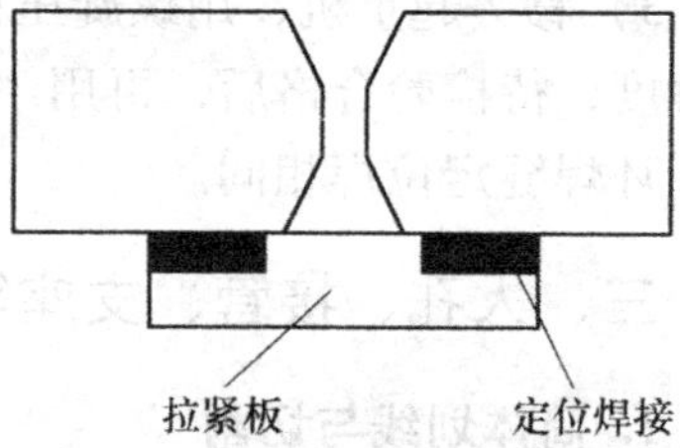

图 6-4　用拉紧板间接固定焊件

（3）定位焊焊接参数　定位焊缝采用焊条电弧焊方法进行焊接，选择的焊条型号为J422。焊前，焊条需经过100°~150°烘干1~2h，放在保温桶内以备使用。选用BX3—300或ZXG—300型焊机。定位焊焊接参数见表6-5。

表 6-5　定位焊焊接参数

焊件厚度/mm	焊条直径/mm	焊接电流/A	电弧电压/V	焊接速度/(mm/min)
8	4.0	160~180	22~26	130~150

二、封头与筒体环缝的装配与定位焊

1. 装配前的准备

1）装配前应熟悉施工图样、技术标准和技术要求，并熟悉装配场地。具体要求参见筒节环缝装配要求。

2）准备装配用工具、设备及测量器具。常用的装配工具有大锤子、小锤子、錾子、手砂轮、撬杠、扳手及各种划线用的工具等。常用的量具有钢卷尺、金属直尺、水平尺、直角尺、线锤及各种检验零件定位情况的样板等。

3）准备定位焊用设备及工具。定位焊采用的焊接方法为焊条电弧焊，常用焊条电弧焊电源有BX—500型弧焊变压器和ZXG—300型弧焊整流器等；常用的工具有焊钳、焊接电缆、面罩、清渣工具、焊条保温桶等；常用量具有金属直尺、游标卡尺、焊缝量规等。

4）产品装配前，对于上道工序转来或零件库中领取的零、部件进行检查和核对，同时对零、部件的连接处的表面进行去毛刺、除锈垢等清理工作。

2. 装配过程

环焊缝组装比纵焊缝困难。一方面由于制造误差，筒体和封头的圆周长度往往不同，即直径大小有偏差；另一方面筒体与封头往往有一定的圆度误差。此外，组装时还必须控制环缝的间隙，以满足容器最终的总体尺寸要求。由于环缝组装的这种复杂性和大的工作量，因此采用机械化组装设备进行装配。

封头与筒体的装配可采用立装和卧装。本储罐采用卧装手工装配的方法，如图 2-25 所示，具体操作步骤如下：

1）在滚轮架上放置筒体，并使筒体端面伸出滚轮架外 400～500mm。

2）用起重机吊起封头，送至筒体端部，相互对准后横跨焊缝焊一些刚性不太大的小板，以便固定封头与筒体间的相互位置。

3）移去起重机，用螺旋压板等将环向焊缝逐段对准到适合的焊接位置，检验并矫正其同轴度，待检验合格后，再用“n 形马”横跨焊缝定位焊固定，定位焊具体参数及要求与筒节间环焊缝定位焊相同。

三、人孔、接管、支座等零部件与筒体的组装

1. 筒体划线与切割

在筒体总装、焊接、无损检测等工序完成后，按照图样上各管口位置划出所有接管开孔位置线、切割线、检查线，同时划出支座安装位置线，并做好标记。根据工艺要求，开孔应避开焊缝处，开孔边缘与焊缝的距离应大于筒体厚度的 3 倍，且不小于 100mm。

划线完成后，由检验及相关人员按图样认真校对尺寸后，按开孔切割位置线进行切割、打磨。打磨至图样要求并清理后，检测所有管孔坡口尺寸的正确性，如有不符则必须进行认真修正。

2. 人孔与筒体的装配

由于工艺要求和检修时的需要，常在石油化工容器的封头和筒体上开设各种孔，如人孔、手孔、视镜孔，以及安装压力表、液位计、流量计、安全阀等接管开孔。

手孔和人孔是用来检查容器的内部并用来装拆和洗涤容器内部的装置。设备内径为 450～900mm，一般不考虑开设人孔，可根据需要设置 1～2 个手孔；设备内径为 900mm 以上，至少应开设一个人孔；设备内径大于 2500mm，上封头与筒体上至少应各开一个人孔。筒体与封头上开设孔后，开孔部位的强度被削弱，一般应进行补强。此立式空气压缩储罐的内径为 1000mm，因此在筒体上开设一个人孔，选用公称直径 D_N = 450mm 的人孔。

（1）装配前的准备

1）装配前应熟悉施工图样、技术标准和技术要求。人孔组装后在焊接前，对于薄壁容器，内部可预先采用支承加固，以防焊后下塌。

2）准备装配用工量具及设备。常用的装配工具有大锤子、小锤子、錾子、手砂轮、撬杠、扳手及各种划线用的工具等。常用的量具有钢卷尺、金属直尺、水平尺、直角尺、线锤及各种检验零件定位情况的样板等。

3）准备定位焊用设备及工具。定位焊采用的焊接方法为焊条电弧焊，常用焊条电弧焊电源有 BX—500 型弧焊变压器和 ZXG—300 型弧焊整流器等；常用的工具有焊钳、焊接电缆、面罩、清渣工具、焊条保温桶等；常用量具有金属直尺、游标卡尺、焊缝量规等。

4）产品装配前，对于上道工序转来或零件库中领取的零、部件进行检查和核对，同时对零、部件的连接处的表面进行去毛刺、除锈垢等清理工作。

（2）装配过程

1）按人孔接管伸出高度及补强圈（筒体开孔部位的强度被削弱，一般应通过补强圈补强。补强圈补强属于局部补强的结构形式，即在开孔周围焊上一块圆环状金属来增强边缘处金属强度）厚度在人孔接管的四条中心线上焊接定位筋板。

2）人孔与筒体上的开孔进行预组装。将人孔组合件与补强圈和筒体进行定位装配，必要时用气割修正坡口处孔径，使接管顺利装入且装配环隙适当均匀。

3）调整人孔接管，使其与水平面保持垂直后进行定位焊固定，如图6-5所示。定位焊采用一点或两点定位，定位焊缝长约10mm，厚2～3mm。对于定位焊缝的具体要求参见筒节间环焊缝的定位焊要求。

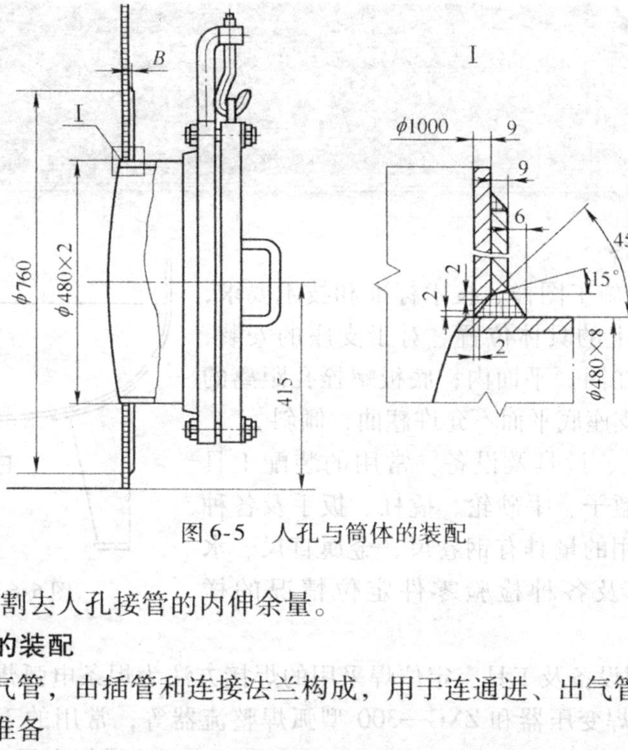

图6-5　人孔与筒体的装配

4）用样板划线割去人孔接管的内伸余量。

3. 接管与筒体的装配

各种进（出）气管，由插管和连接法兰构成，用于连通进、出气管路。

（1）装配前的准备

1）装配前应熟悉施工图样、技术标准和技术要求，明确所装管孔在筒体上的具体位置。接管与法兰的装配，应控制法兰平面相对接管轴线垂直度偏差不大于1%且不大于3mm。装配定位焊时应防止法兰密封面碰上，最好在焊接变位机上进行。

2）准备装配用工量具及设备。常用的装配工具有大锤子、小锤子、錾子、手砂轮、撬杠、扳手及各种划线用的工具等。常用的量具有钢卷尺、金属直尺、水平尺、直角尺、线锤及各种检验零件定位情况的样板等。

3）准备定位焊用设备及工具。定位焊采用的焊接方法为焊条电弧焊，常用焊条电弧焊电源有BX—500型弧焊变压器和ZXG—300型弧焊整流器等；常用的工具有焊钳、焊接电缆、面罩、清渣工具、焊条保温桶等；常用量具有金属直尺、游标卡尺、焊缝量规等。

4）产品装配前，对于上道工序转来或零件库中领取的零、部件进行检查和核对，同时对零、部件的连接处的表面进行去毛刺、除锈垢等清理工作。

（2）装配过程

1）按法兰螺栓孔中要求，划出接管中心线及伸出高度位置线，并焊接定位板。接管伸出高度误差不大于±5mm。

2）预装接管，并对筒体所开管孔坡口进行气割修正并打磨，使坡口完全符合技术要求，环隙均匀。

3）采用专用工装安装接管并进行检验，待检验合格后进行定位焊，定位焊工艺与前述工艺相同。

4. 支座的装配

按现行的行业标准，规定立式容器支座有四种类型：鞍式支座、腿式支座及耳式支座。压缩空气储罐采用的是腿式支座（支腿），其结构形式如图6-6所示。

压力容器的安放或安装都要通过各种支座再与基础平面接触。支座作为部件，其本身的制造质量，以及与容器壳壁的装配、焊接质量的好坏，将直接影响到压力容器运行的平稳与操作的安全性。

（1）装配前的准备

1）装配前应熟悉施工图样、技术标准和技术要求，明确所装支腿在筒体上的具体位置。对于支座的安装，应保证支座底板保持在同一平面内；底板螺栓孔距离的误差应予严格控制；支座底平面不允许翘曲、倾斜。

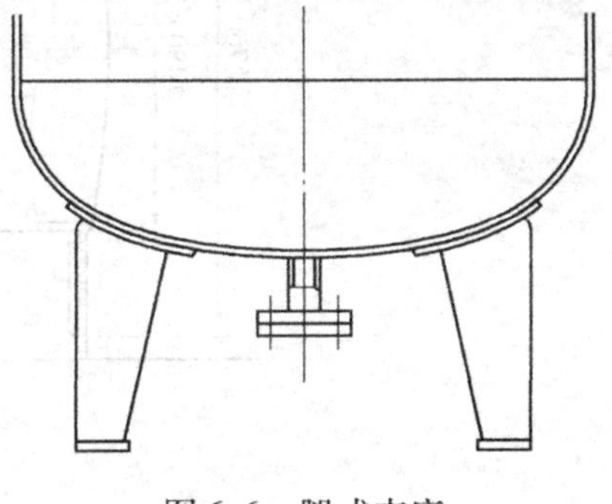

图6-6　腿式支座

2）准备装配用工、量具及设备。常用的装配工具有大锤子、小锤子、錾子、手砂轮、撬杠、扳手及各种划线用的工具等。常用的量具有钢卷尺、金属直尺、水平尺、直角尺、线锤及各种检验零件定位情况的样板等。

3）准备定位焊用设备及工具。定位焊采用的焊接方法为焊条电弧焊，常用焊条电弧焊电源有BX—500型弧焊变压器和ZXG—300型弧焊整流器等；常用的工具有焊钳、焊接电缆、面罩、清渣工具、焊条保温桶等；常用量具有金属直尺、游标卡尺、焊缝量规等。

4）产品装配前，对于上道工序转来或零件库中领取的零、部件进行检查和核对，同时对零、部件的连接处的表面进行去毛刺、除锈垢等清理工作。

（2）装配过程

1）根据图样要求，在下封头上划出与压缩空气储罐三个支腿装配的位置线，如图6-7所示。

2）在装配平台上按图样给定的位置、尺寸固定三个支腿，并检验三块地脚板的平面度、位置及尺寸，当确认无误时，再用起重机吊起储罐置于三个支腿上，使三个支腿与下封头上预先划好的装配位置线重合。

3）以下封头曲面轮廓为基准，修整三个支腿上部的结合线，并调整储罐的垂直度和接

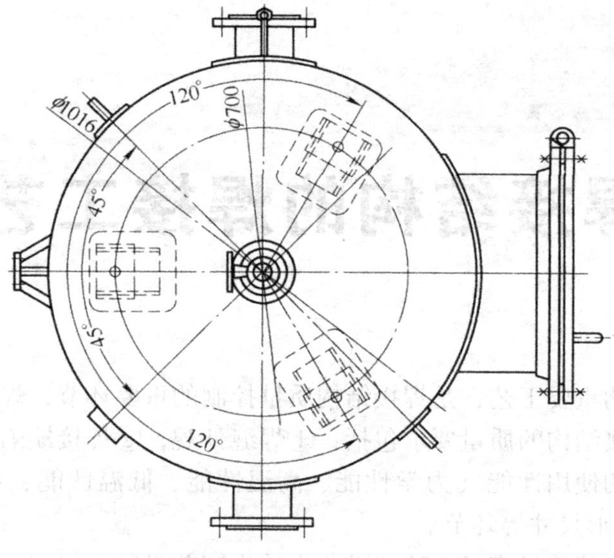

图 6-7　支腿的定位装配线

管方向及尺寸，与图样要求保持一致，矫正后实施定位焊固定并进行焊接，从而完成空气储罐的总装。

第七单元

焊接结构的焊接工艺

焊接是结构制造的重要工艺，是焊接结构质量控制的重要环节，焊接质量在很大程度上决定了制造质量。焊接结构的质量要求包括：①焊缝外观；②焊接缺陷；③焊接变形；④焊接应力；⑤焊接接头的使用性能（力学性能、高温性能、低温性能、弯曲性能、耐蚀性能等）；⑥焊接接头的外形尺寸等环节。

为了能使产品的焊接质量满足上述要求，焊接生产前必须由焊接工艺人员根据钢材的焊接性，结合产品的特点、制造工艺条件和管理情况来制订出科学、合理、正确的产品制造焊接工艺。

模块一 焊接工艺评定

焊接工艺评定是为验证所拟定的焊件焊接工艺的正确性而进行的试验过程和结果评价，是压力容器等重要焊接结构质量保证中不可缺少的重要环节之一。

一、焊接工艺评定的目的

焊接工艺评定的目的在于验证焊接工艺指导书的正确性，焊接工艺正确与否的标志在于焊接接头的使用性能是否符合要求。若符合要求，则证明拟定的焊接工艺是正确的。正确的工艺用于焊接产品时，则产品焊接接头的使用性能同样可以满足要求。经过焊接工艺评定合格后，提出“焊接工艺评定报告”作为编制“焊接工艺规程”时的主要依据之一。焊接工艺评定可以作为施焊单位技术储备的标志之一。

NB/T 47014—2011《承压设备焊接工艺评定》规定：受压元件焊缝，与受压元件相邻的焊缝，熔入永久焊缝内的定位焊缝，受压元件母材表面堆焊、补焊等，在生产之前都必须进行焊接工艺评定。

二、焊接工艺评定条件与规则

1. 焊接工艺评定的条件

被焊材料已经通过（或有可靠的依据）严格的焊接性试验并合格。焊接工艺评定所用设备、仪表与辅助机械均应处于正常工作状态，选被焊材料与焊接材料必须符合相应的标准，并需由本单位技术熟练的焊接人员焊接试件和进行热处理。

2. 焊接工艺评定的规则

进行焊接工艺评定时，评定对接焊缝与角接焊缝的焊接工艺，均可采用对接焊缝接头型式；板材对接焊缝试件评定合格的焊接工艺，适用于管和板材的角焊缝。

凡有下列情况之一者，需要重新进行焊接工艺评定。

1）改变焊接方法。

2）新材料或施焊单位首次焊接的钢材。

3）改变焊接材料，如焊丝、焊条、焊剂的牌号和保护气体的种类或成分。

4）改变焊接参数，如焊接电流、电弧电压、焊接速度、电源极性、焊道层数等。

5）改变热规范参数，如预热温度、层间温度、后热和焊后热处理等工艺参数。

三、焊接工艺评定程序

焊接工艺评定的程序按照产品的类型和等级而定，对于自行设计的大型焊接结构，其程序如图7-1所示。

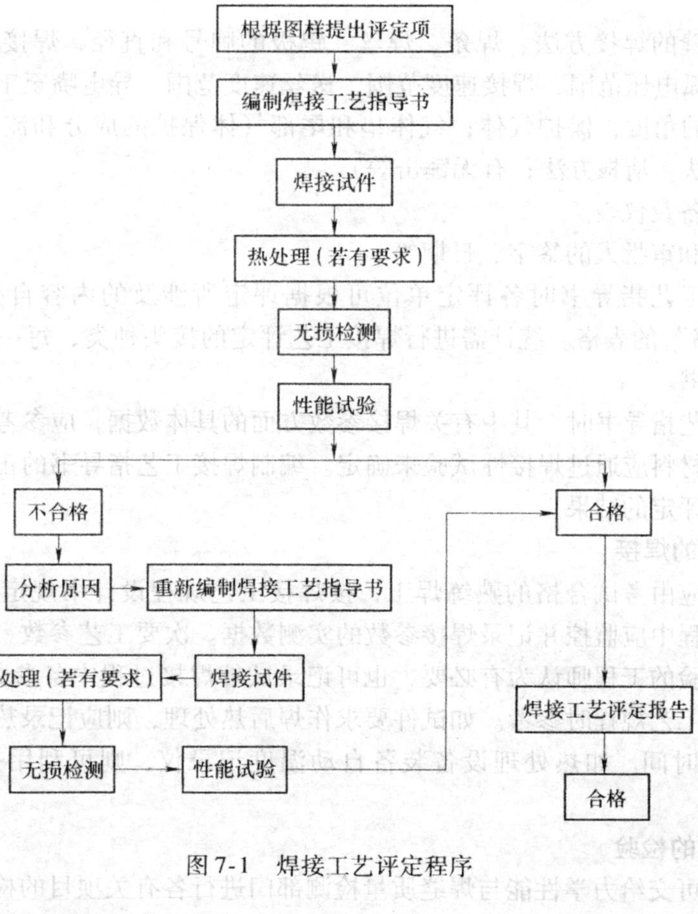

图7-1　焊接工艺评定程序

1. 根据图样提出评定项

对老产品结构的新型号或结构相似但工作参数不同的新产品，由于无需编制焊接工艺方案，可按新产品施工图，根据所采用的新材料、新焊接方法和壁厚范围提出焊接工艺评定项目。

2. 编制“焊接工艺指导书”或“焊接工艺评定任务书”

在进行焊接评定试件之前，由焊接工艺人员负责编制。其内容如下：

1）焊接工艺指导书编号和日期。

2）相应的焊接工艺评定报告的编号。

3）焊接方法及自动化程度。

4）接头形式，有无衬垫及衬垫材料牌号。

5）用简图表明坡口、间隙、焊道分布和顺序。

6）母材的钢号、分类号。

7）母材熔敷金属的厚度范围。

8）焊条、焊丝的牌号和直径，焊剂的牌号和类型，钨极的类型、牌号和直径，保护气体的名称和成分。

9）焊接位置，立焊的焊接方向。

10）预热的最低温度、预热方式、最高层间温度、焊后热处理的温度范围和保温时间范围。

11）每层焊缝的焊接方法、焊条、焊丝、钨极的牌号和直径，焊接电流的种类、极性和数值范围，电弧电压范围，焊接速度范围，送丝速度范围，导电嘴至工件的距离，喷嘴尺寸及喷嘴与工件的角度，保护气体；气体垫和尾部气体保护的成分和流量，施焊技术（有无摆动，摆动方法，清根方法；有无锤击等）。

12）焊接设备及仪表。

13）编制人和审批人的签字、日期等。

在编制焊接工艺指导书时各评定单位可根据评定所涉及的内容自行设计一种实用的“焊接工艺指导书”的表格。统计需进行焊接工艺评定的接头种类，每一种焊接接头需编一份焊接工艺指导书。

编制焊接工艺指导书时，其中有关焊接参数方面的具体数据，应参考有关资料及试验来确定，对于新型材料应通过焊接性试验来确定。编制焊接工艺指导书的正确性或精确性将直接影响焊接工艺评定的结果。

3. 评定试件的焊接

试件的焊接应由考试合格的熟练焊工，按焊接工艺规程设计书规定的各种工艺参数焊接。试件焊接过程中应监控并记录焊接参数的实测数据。次要工艺参数一般可不作记录，如负责工艺评定试验的工程师认为有必要，也可记录试件焊接过程中各参数的实际使用范围，供编制正式焊接工艺规程时参考。如试件要求作焊后热处理，则应记录热处理过程中试件的实际温度和保温时间。如热处理设备装备自动温度记录仪，则可利用打印机记录纸的复印件。

4. 评定试件的检验

试件焊完即可交给力学性能与焊缝质量检测部门进行各有关项目的检测。送交试件时应随带检测任务书，指明每个试件所要进行的检测项目及要求等。

常规性能检测项目包括：焊缝外观检验、力学性能检验（拉伸试验，面弯、背弯或侧弯等弯曲试验及冲击试验等）、金相检验、射线检测、断口检验等。

5. 编写焊接工艺评定报告

完成所要求的试验项目，试验结果全部合格后，即可编写焊接工艺评定报告。焊接工艺评定报告的内容大体上分成两大部分。第一部分记录焊接工艺评定试验的条件，包括试件材料牌号、类别号、接头形式、焊接位置、焊接材料、保护气体、预热温度、焊后热处理、焊接能量参数；第二部分记录各项检验结果，其中包括拉伸、弯曲、冲击、硬度、宏观金相、着色试验和化学成分分析结果等。

编写焊接工艺评定报告最重要的原则是如实记录，无论是试验条件和检验结果都必须是实测记录数据，并应有相应的记录卡和试验报告等原始证据。焊接工艺评定报告是一种必须由企业管理者代表签字的重要质保文件，也是技术监督部门和用户代表审核企业质保能力的主要依据之一。因此，编写人员必须认真负责，一丝不苟，如实填写，不得错填和涂改。报告应经有关人员校对和审核。

焊接工艺评定试验可能由于接头某项性能不符合标准要求而失败。在这种情况下，首先应分析失败的原因，然后重新编制焊接工艺规程设计书，重复进行上述程序，直至评定试验结果全部合格。

模 块 二　焊接工艺的制订

制订压力容器焊接工艺的先决条件是全面掌握所焊材料的焊接性和工艺性试验数据，焊接工艺应由具有一定专业知识和相当实践经验的焊接工艺人员来拟定。各类承压焊缝或与承压件焊接的焊缝的焊接工艺，还必须按 NB/T 47014《承压设备焊接工艺评定》标准评定、检验。

焊接工艺制订流程为：审查产品图样技术要求→提出焊接工艺评定项目→预编写焊接工艺说明书→焊接工艺评定试验→编写焊接工艺评定报告→制订焊接工艺规程。

一、焊接工艺制订的主要依据

1）相关的标准、法规。如《压力容器安全技术监察规程》、GB 150—2011《钢制压力容器》、GB 151—1999《管壳式换热器》等。

2）产品图样及技术条件文件。

3）产品订货技术协议。

4）依据图样和技术条件进行的评定合格的焊接工艺评定。

二、焊接工艺制订的原则

1. 质量上的可靠性

编制的产品焊接工艺必须依据已评定合格的焊接工艺评定，其所有使用性能要求应满足相关法规、标准及图样技术条件的要求，使产品焊接质量完全符合预定要求。

2. 工艺上的可行性

根据产品具体结构和本单位的生产条件来制订产品焊接工艺，使其在实际运行中完全可以实现。如脱离现实状况片面追求工艺先进性和质量可靠性，这样的焊接工艺是不能指导产品实际生产的。

3. 工艺上的先进性

在现实条件完全能满足的前提下，应优先选择先进的焊接工艺方法。例如，在具有管子-管板全位置自动钨极氩弧焊机的情况下，在编制换热器管头的焊接工艺时，应优先考虑选用自动钨极氩弧焊方法，而不用焊条电弧焊和手工钨极氩弧焊工艺。

4. 经济上的合理性

在保证质量的前提下，要综合考虑选用效率高、成本低的焊接工艺。

三、焊接工艺的主要内容

一项完整的压力容器产品焊接工艺主要包含以下内容。

1. 焊接方法的确定

为了正确地选择焊接方法，必须了解各种焊接方法的生产特点及适用范围（如焊件厚度、焊缝空间位置、焊缝长度和形状等）。同时，考虑各种焊接方法对装配工作的要求（工件坡口要求、所需工艺装备等）、焊接质量及其稳定程度、经济性（劳动生产率、焊接成本、设备复杂程度等）以及工人劳动条件等。

在成批或大量生产时，为降低生产成本，提高产品质量及经济效益，对于能够用多种焊接方法来生产的产品，应进行试验和经济比较，如材料、动力和工时消耗等，最后核算成本，选择最佳的焊接方法。

根据立式空气压缩储罐的图样和技术要求，焊接方法选择焊条电弧焊和埋弧焊。

2. 焊接材料的选择

焊接压力容器的焊接材料包括：电弧焊焊条、埋弧焊及电渣焊用焊丝、钢带、焊剂、气体、电极和衬垫等。其中焊条、焊丝、钢带和焊剂熔化后与液态基体金属熔合形成焊缝金属。焊接材料对焊缝金属的成分和性能有很大影响，所以要获得优质焊缝，正确地选择焊接材料显得十分重要。

应根据母材的化学成分、力学性能、焊接性，并结合压力容器的结构特点、使用条件、焊接方法、制造工艺综合选用焊接材料。必要时可通过试验确定。

> 焊接材料应有产品质量证明，并符合相应的标准，施焊单位按质量保证体系规定验收与复验，合格后方可使用。焊接材料应满足图样的要求，并按NB/T 47014通过焊接工艺评定。

3. 焊接设备的选择

焊接设备的选择应根据已选定的焊接方法和焊接材料，同时还要考虑焊接电流的种类、焊接设备的功率、工作条件等方面，使选用的设备能满足焊接工艺的要求。

4. 焊接参数的选定

正确合理的焊接参数应有利于保证产品质量，提高生产率。焊接参数的选定主要考虑以下几个方面：

1）深入地分析产品的材料及其结构形式，着重分析材料的化学成分和结构因素共同作用下的焊接性。

2）考虑焊接热循环对母材和焊缝的热作用，这是获得合格产品及焊接接头焊接应力和变形最小的保证。

3）根据产品的材料、焊件厚度、焊接接头形式、焊缝的空间位置、接缝装配间隙等，查找各种焊接方法有关标准、资料。

4）通过试验确定焊缝的焊接顺序、焊接方向以及多层焊的熔敷顺序等。

5）参考现成的技术资料和成熟的焊接工艺。

6）确定焊接参数不应忽视焊接操作者的实践经验。

5. 焊接热参数的确定

为保证焊接结构的性能与质量，防止裂纹产生，改善焊接接头的韧性，消除焊接应力，有些结构需进行加热处理。加热处理工艺可处于焊接工序之前或之后，主要包括预热、后热及焊后热处理。

（1）预热　预热是焊前对焊件进行全部或局部加热，目的是减缓焊接接头加热时温度梯度及冷却速度，适当延长在800～500℃区间的冷却时间，从而减少或避免产生淬硬组织，有利于氢的逸出，可防止冷裂纹的产生。根据母材的化学成分、焊接性、厚度、焊接接头的拘束强度、焊接方法和焊接环境综合考虑是否预热，必要时通过试验确定。不同钢号焊接时，预热温度按预热温度要求较高的钢号选取。采用局部预热时，应防止局部应力过大。预热的范围为焊缝两侧均大于焊件厚度的3倍，且不小于100mm。需要预热的焊件在整个焊接过程中应不低于预热温度，当用热加工方法下料、开坡口、清根、开槽或施焊时，也需考虑预热要求。

（2）后热　对冷裂纹敏感性较大的低合金钢和拘束度较大的焊件应采取后热措施。后热应在焊后立即进行。后热温度一般为200～350℃，保温时间与焊缝厚度有关，一般不低于0.5h。若焊后立即进行热处理则可不进行后热。后热可防止焊接区扩散氢的聚集，避免延迟裂纹的产生。试验表明，选用合适的后热温度，可以降低一定的预热温度，一般可以降低50℃左右，在一定程度上改善了焊工劳动条件，也可代替一些重大产品所需要的焊接中间热处理，简化生产过程，提高生产率，降低成本。

（3）焊后热处理　焊接结构的焊后热处理是为了改善焊接接头的组织和性能、消除残余应力而进行的热处理。一般来说，若结构的板厚不大，又不是用于动载荷，而且是用塑性较好的低碳钢来制造，就不需要焊后热处理；若结构的板厚较大，又承受动载荷，则需要焊后热处理。消除残余应力的热处理，一般都是将焊件加热到500～650℃进行退火处理即可，在消除残余应力的同时，对焊接接头的性能也有一定的改善，但对焊接接头的组织则无明显的影响。若要求焊接接头的组织细化、化学成分均匀，提高焊接接头的各种性能，对一些重要结构，常采用先正火随后立即回火的热处理方法，它既能起到改善接头组织和消除残余应力的作用，又能提高接头的韧性和疲劳强度，是生产中常用的一种热处理方法。

6. 无损检测

压力容器焊后的无损检测是保证焊缝质量、确保压力容器安全运行的重要手段，为此，我国目前已制定出压力容器无损检测的法规。无损检测常用方法有射线检测（X射线、γ射线）RT、超声检测UT、渗透检测PT、磁粉检测MT。前两种方法用于检查接头的内部缺陷，后两种方法用于检查接头的表面缺陷。检测工艺规定以下内容：①检测方法；②检测与焊接工序或热处理工序的先后次序和相隔时间；③检测次数；④检测抽样率；⑤判废标准。

压力容器制造 GB 150—2011 标准规定了焊接接头进行无损检测的规则和检测规定。

模块三 空气储罐主要部件焊接工艺

2.0m³ 空气储罐的筒体部分由两条纵缝和3条环缝连接成形，如图7-2所示，采用埋弧焊在焊接滚轮架上进行施焊。

一、埋弧焊机

埋弧焊机主要由埋弧焊电源、控制系统、送丝机构、焊车行走机构等部分组成。

1. 埋弧焊电源

埋弧焊电源的额定电流在500～2000A之间（一般为1000A），负载持续率为100%。埋弧焊电源有直流电源和交流电源两大类。采用直流电源焊接，能更好地控制焊道形状、熔深和焊接速度，也更容易引燃电弧。通常直流电源适用于小电流，快速引弧，短焊缝、高速焊接以及所采用焊剂的稳定性较差和对焊接参数稳定性有较高要求的场合。采用直流电源时，不同的极性将产生不同的工艺效果。正接时焊丝的熔敷效率高；反接时焊缝熔深大。采用交流电源时，焊丝熔敷效率及焊缝熔深介于直流正接与反接之间，而且电弧的磁偏吹最小。因而交流电源多用于大电流埋弧焊和采用直流时磁偏吹严重的场合。常用的交流电源为同体式弧焊变压器，直流电源为硅弧焊整流器。从发展来看，矩形波交流弧焊电源、晶闸管式、逆变式弧焊整流器等电子弧焊电源在埋弧焊设备中的应用将日趋扩大。对于使用细焊丝的小电流埋弧焊，可选用焊条电弧焊电源代替（也可多台并联使用），但所用的电流上限不应超过按100%负载持续率折算的数值。

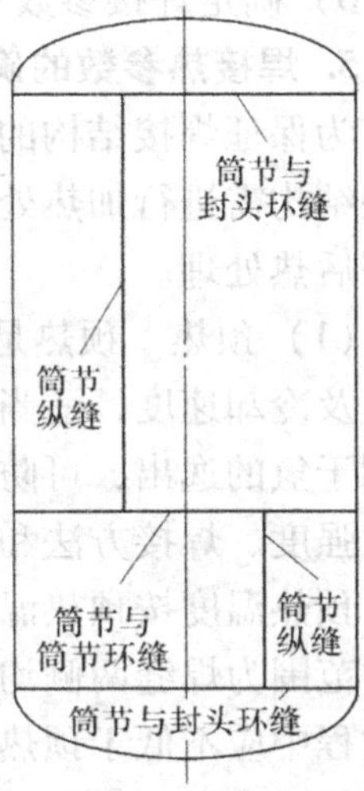

图7-2 容器纵缝与环缝

2. 控制系统

常用的埋弧焊控制系统包括：送丝拖动控制、行走拖动控制、引弧和熄弧的自动控制等。大型专用焊机还包括横臂升降、收缩、主柱旋转、焊剂回收等控制系统。一般埋弧焊机常用一控制箱来安装主要控制电器元件，但也有一部分安装在焊车上的控制盒和电源箱内。在采用晶闸管等电子控制电路的新型埋弧焊机中已不单设控制箱，控制系统的电器元件就安装在焊车上的控制盒和电源箱内。

3. 送丝机构

送丝机构包括送丝电动机及传动系统、送丝滚轮和矫直滚轮等，如图7-3所示。它能可靠地送进焊丝并具有较宽的调速范围，以保证电弧稳定。

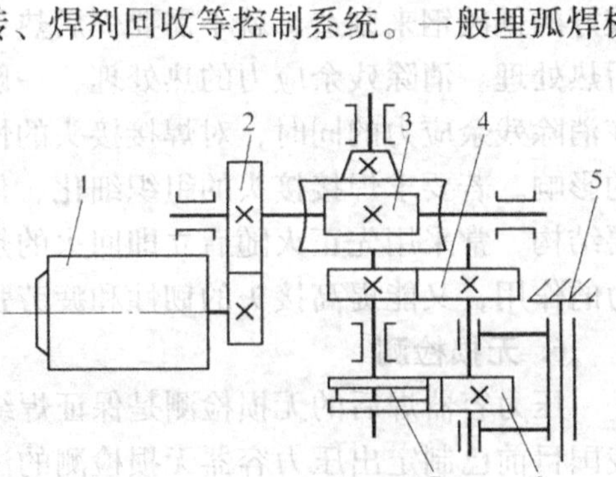

图7-3 送丝机构示意图

1—直流电动机 2、4—圆柱齿轮 3—蜗轮蜗杆
5—杠杆 6、7—送丝滚轮

4. 焊车行走机构

焊车行走机构包括行走电动机及传动系统、行走轮及离合器等，如图 7-4 所示。行走轮一般采用橡胶绝缘轮，以免焊接电流经车轮而短路。离合器合上时，焊车由电动机拖动；离合器脱离时，焊车可用手推动。

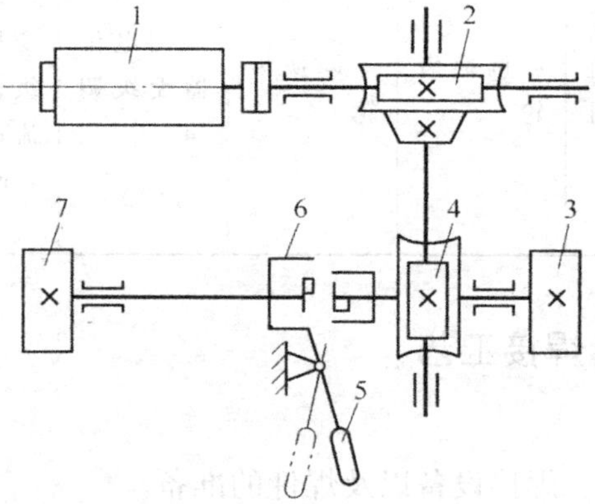

图 7-4 焊车行走机构示意图

1—直流电动机 2、4—蜗轮蜗杆 3、7—行走轮 5—手柄 6—离合器

常用埋弧焊机有 MZ1—1000、MZ—1000 等。其型号及主要参数见表 7-1。立式压缩空气储罐筒节间纵缝和环缝焊接以及筒体与封头的环缝焊接选用的埋弧焊机为 MZ1—1000 型。

表 7-1 国产自动埋弧焊机主要技术数据

技术规格＼型号	NZA—1000	MZ—1000	MZ1—1000	MZ2—1500	MZ—1—1000	MZ6—2×500	MU—2×300	MU1—1000
送丝方式	变速送丝	变速送丝	等速送丝	等速送丝	变速送丝	等速送丝	等速送丝	变速送丝
焊机结构特点	埋弧、明弧两用焊车	焊车	焊车	悬挂式自动机头	焊车	焊车	堆焊专用焊机	堆焊专用焊机
焊接电流/A	200～1200	400～1200	200～1000	400～1500	200～600	200～600	160～300	400～1000
焊丝直径/mm	3～5	3～6	1.6～5	3～6	3～6	1.6～2	1.6～2	焊带：宽 30～80，厚 0.5～1
送丝速度/(cm/min)	50～600（弧压反馈控制）	50～200（弧压 35V）	87～672	47.5～375	50～200	250～1000	160～540	25～100
焊接速度/(cm/min)	3.5～130	25～117	26.7～210	22.5～187	25～116	13.3～100	32.5～58.3	12.5～58.3
焊接电流种类	直流	直流或交流	直流或交流	直流或交流	直流	交流	直流	直流

（续）

技术规格＼型号	NZA—1000	MZ—1000	MZ1—1000	MZ2—1500	MZ—1—1000	MZ6—2×500	MU—2×300	MU1—1000
送丝速度调整方法	用电位器无级调速（用改变晶闸管导通角来改变电动机转速）	用电位器调整直流电动机转速	调换齿轮	调换齿轮	用电位器无级调速	用自耦变压器无级调节直流电动机转速	调换齿轮	用电位器无级调节直流电动机转速

二、筒体纵缝与环缝焊接工艺

1. 焊前准备

焊前准备包括焊接材料、焊接设备以及焊件的准备。

（1）焊接材料的准备

1）焊接材料的选择。埋弧焊所用的焊接材料包括焊剂和焊丝。焊接时，能够熔化形成熔渣和气体，对熔化金属起保护并进行复杂的冶金反应的颗粒状物质称为焊剂。焊剂是埋弧焊不可缺少的一种焊接材料。国产埋弧焊用碳钢焊丝和焊剂已列入国家标准 GB/T 5293—1999。正确选择焊剂和焊丝并合理地配合使用是获得优质焊缝的关键，也是埋弧焊工艺的重要环节。在进行埋弧焊材料的选择时，除了根据母材成分进行选择之外，还应考虑埋弧焊的工艺特点和冶金特性。常用埋弧焊剂的用途及配用的焊丝见表 7-2。根据压缩空气储罐制造工艺要求，选择焊丝牌号为 H08A，焊剂型号为 HJ430。

表 7-2　常用埋弧焊剂的用途及配用的焊丝

焊剂类别	焊剂型号	成分类型	用　途	配用焊丝	适用电流种类	使用前焙烘 /(h×℃)
熔炼型	HJ130	无 Mn 高 Si 低 F	低碳钢、普通低合金结构钢	H10Mn2	交直流	2×250
	HJ131	无 Mn 高 Si 低 F	Ni 基合金	Ni 基焊丝	交直流	2×250
	HJ150	无 Mn 中 Si 中 F	轧辊堆焊	H2Cr13、H3Cr2W8	直流	2×250
	HJ151	无 Mn 中 Si 中 F	奥氏体不锈钢	相应钢种焊丝	直流	2×300
	HJ172	无 Mn 低 Si 高 F	含 Nb、Ti 不锈钢	相应钢种焊丝	直流	2×400
	HJ173	无 Mn 低 Si 高 F	Mn、Al 高合金钢	相应钢种焊丝	直流	2×250
	HJ230	低 Mn 高 Si 低 F	低碳钢、普通低合金结构钢	H08MnA、H10Mn2	交直流	2×250

（续）

焊剂类别	焊剂型号	成分类型	用　　途	配用焊丝	适用电流种类	使用前焙烘/(h×℃)
熔炼型	HJ250	低 Mn 中 Si 中 F	低合金高强度钢	相应钢种焊丝	直流	2×350
	HJ251	低 Mn 中 Si 中 F	珠光体耐热钢	CrMo 钢焊丝	直流	2×350
	HJ252	低 Mn 中 Si 中 F	15MnV、14MnMoV、18MnMoNb	H08MnMoA、H10Mn2	直流	2×350
	HJ260	低 Mn 高 Si 中 F	不锈钢、轧辊堆焊	不锈钢焊丝	直流	2×400
	HJ330	中 Mn 高 Si 低 F	重要低碳钢、普通低合金结构钢	H08MnA、H10Mn2SiA、H10MnSi	交直流	2×250
	HJ350	中 Mn 中 Si 中 F	重要低合金高强度钢	MnMo、MnSi 及含 Ni 高强钢焊丝	交直流	2×400
	HJ351	中 Mn 中 Si 中 F	MnMo、MnSi 及含 Ni 普通低合金结构钢	相应钢种焊丝	交直流	2×400
	HJ430	高 Mn 高 Si 低 F	重要低碳钢、普通低合金结构钢	H08A、H08MnA	交直流	2×250
	HJ431	高 Mn 高 Si 低 F	重要低碳钢、普通低合金结构钢	H08A、H08MnA	交直流	2×250
	HJ432	高 Mn 高 Si 低 F	重要低碳钢、普通低合金钢（薄板）	H08A	交直流	2×250
	HJ433	高 Mn 高 Si 低 F	低碳钢	H08A	交直流	2×350
烧结型	SJ101	碱性（氟碱性）	重要普通低合金结构钢	H08MnA、H10Mn2、H08MnMoA、H08Mn2MoA	交直流	2×350
	SJ301	中性（硅钙型）	低碳钢、锅炉钢	H08MnA、H10Mn2、H08MnMoA	交直流	2×350
	SJ401	酸性（锰硅型）	低碳钢、普通低合金结构钢	H08A	交直流	2×250
	SJ501	酸性（铝钛型）	低碳钢、普通低合金结构钢	H08A、H08MnA	交直流	2×350
	SJ502	酸性（铝钛型）	低碳钢、普通低合金结构钢	H08A	交直流	1×300

2）焊丝表面清理与焊剂烘干。埋弧焊用的焊丝要严格清理，焊丝表面的油、锈及拔丝用的润滑剂都应清理干净，以免焊接时增大气孔倾向。焊剂在运输及存储过程中容易吸潮，应妥善保管，并存放在干燥通风的库房内，尽量降低库房湿度，防止焊剂受潮。使用前应对

焊剂进行烘干。其烘干工艺是：熔炼型焊剂要求200～250℃下烘焙1～2h；烧结型焊剂要求300～400℃下烘焙1～2h。烘干后焊剂应立即使用。回收使用的焊剂要过筛清除渣壳等杂质后才能使用。

（2）焊接设备的准备

1）焊接设备的选择。埋弧焊设备主要指埋弧焊机。常用的埋弧焊机有等速送丝式和变速送丝式两种类型。按照不同的工作需要，埋弧焊机可做成不同的形式，常见的有焊车式、悬挂式、车床式、悬臂式和门架式等。图7-5为各种形式的埋弧焊机（不带焊接电源）简图。

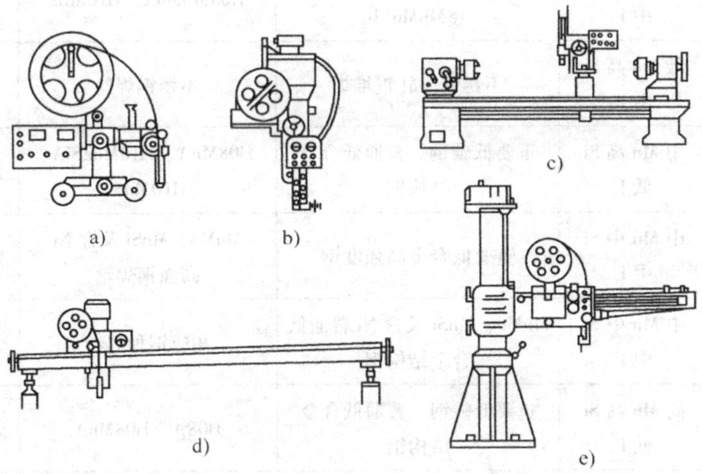

图7-5　常见埋弧焊机的形式

a）焊车式　b）悬挂式　c）车床式　d）悬臂式　e）门架式

2）焊机的检查与调试。焊前应检查接到焊机上的动力线、焊接电缆接头是否松动，接地线是否连接妥当。导电嘴是易损件，一定要检查其磨损情况和是否夹持可靠。焊机要作调试，检查仪表指示及各部分动作情况，并按要求调好预定的焊接参数。对于弧压反馈式埋弧焊或在滚轮架上焊接的其他焊机，焊前应实测焊接速度。

（3）焊件的准备　焊件的准备包括坡口的选择与制备、工件的清理与装配以及焊前预热等。立式空气储罐筒体材料为Q235B（钢板），筒体内径$D_i=1000$mm，厚度$\delta=8$mm，高$H=2150$mm。封头材料为Q235B（钢板），封头内径$D_i=1000$mm，深度$H=250$mm，壁厚$\delta=8$mm，直边$h=25$mm，为标准椭圆形封头。

1）坡口的选择与制备。焊接坡口的几何形状、尺寸、制备方法，直接影响到压力容器焊接接头的质量和制造成本，因此，焊接坡口应根据图样要求或工艺条件选用标准坡口（见GB/T 985.1～.4—2008）或自行设计。在选用或设计坡口形式和尺寸时应考虑下列因素：①焊接方法合适；②焊缝填充金属尽量少；③避免产生缺陷；④减少残余焊接变形与应力；⑤有利于焊接保护；⑥焊工操作方便；⑦复合钢板的坡口应有利于减小过渡金属的稀释率。

根据空气储罐的技术要求，筒体和封头拼接时的纵缝和环缝均需要预先开设V形坡口，具体尺寸如图7-6所示。

埋弧焊时坡口的制备对焊缝质量起着至关重要的作用。因为焊机行走小车或焊件转动是等速的，对坡口角度、钝边或间隙的误差不能自适应调整焊接速度或其他焊接参数加以弥补。因此特别要严格控制钝边和间隙尺寸。坡口可用气割或机械加工方法制备。气割一般采用半自动或自动气割机方便地割出直边（I形）、Y形和双Y形坡口。手工气割很难保证坡口边缘的平直和光滑，对焊接质量的稳定性有较大影响，尽可能不采用。如果必须采用手工气割加工坡口，一定要把坡口修磨到符合要求后才能装配焊接。用刨削、车削等机械加工方法制备坡口，可以达到比气割坡口更高的精度。目前，U形坡口通常采用机械加工方法制备。空气储罐筒体纵、环缝坡口加工采用刨边机和自动立式火焰切割装置进行。

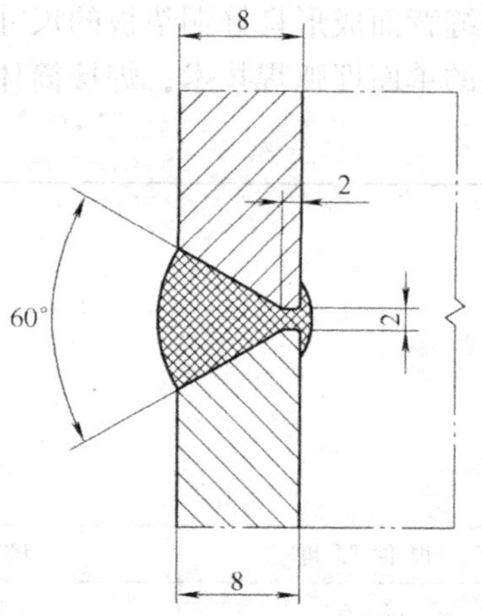

图7-6　筒体纵、环缝坡口形式及尺寸

2）工件的清理与装配。接头焊接区清理是一项不可忽视的工作，它是建立低氢焊接环境，保证焊接接头质量的重要措施。钢材的淬硬倾向越大、焊接质量要求越高，对焊接区域清理的要求越高。焊接坡口应保持平整，不得有裂纹、分层、夹杂等缺陷，形式和尺寸应符合相应规定。工件装配前，需将坡口及附近（坡口两侧约20mm内）区域表面上的锈蚀、油污、氧化物、水分等清理干净。大量生产时可采用喷丸处理方法；批量不大时也可用手工清理，即用钢丝刷、砂轮、钢丝轮等进行清除；必要时还可用氧乙炔焰烘烤焊接部位，以烧掉工件表面的污垢和油漆，并烘干水分。机械加工的坡口容易在坡口表面沾染切削用油或其他油脂，焊前也可用挥发性溶剂将污染部位清洗干净。

将预先制作完成的空气储罐的筒体和封头按照装配的工艺要求（详见第六单元内容）装配到焊接滚轮架上，装配时需用夹具和定位焊缝可靠地固定。对直缝的工件装配，须在接缝两端加装引弧板和引出板。如果工件带有焊接试件，应将其与工件装配在一起。焊接试件、引弧板、引出板在工件上的安装位置如图7-7所示。加装引弧板和引出板是因为埋弧焊焊接速度快，刚引弧时工件来不及达到热平衡，使引弧处质量不易保证。同理，工件焊缝焊完后将整个熔池引到引出板上再结束焊接，可防止收弧处熔池金属流失或留下弧坑，保证焊缝末端质量。

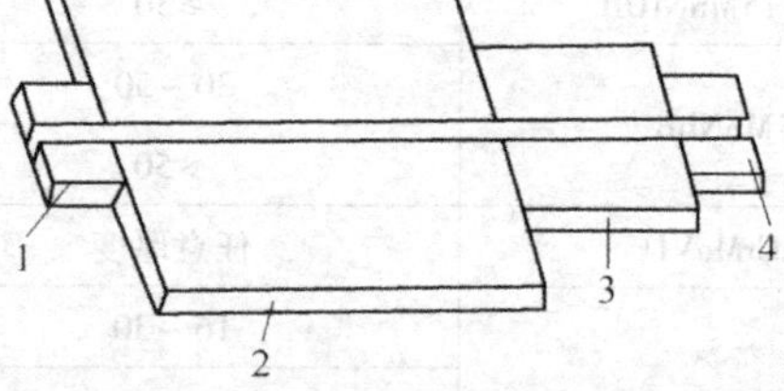

图7-7　焊接试件、引弧板、引出板在工件上的安装位置

1—引弧板　2—工件　3—焊接试件　4—引出板

对接接头的单面焊双面成形可以采用在焊剂垫上焊、在焊剂铜垫板上焊、在永久性垫板上焊等几种方法。在焊剂垫上焊接时，焊缝成形的质量主要取决于焊剂垫托力的大小和均匀与否，以及装配间隙的均匀与否。在焊剂铜板上焊接的方法采用带沟槽的铜垫板，沟槽中铺撒焊剂，焊接时，这部分焊剂起焊剂垫的作用又保护铜垫板免受电弧直接作用，同时沟槽能

使焊缝背面成形良好铜垫板的尺寸见表 7-3。空气储罐在焊接筒体纵缝时采用在焊剂铜板上焊接的单面埋弧焊技术；焊接筒体以及筒体与封头的环缝时，使用陶瓷衬垫。

表 7-3　铜垫板断面尺寸

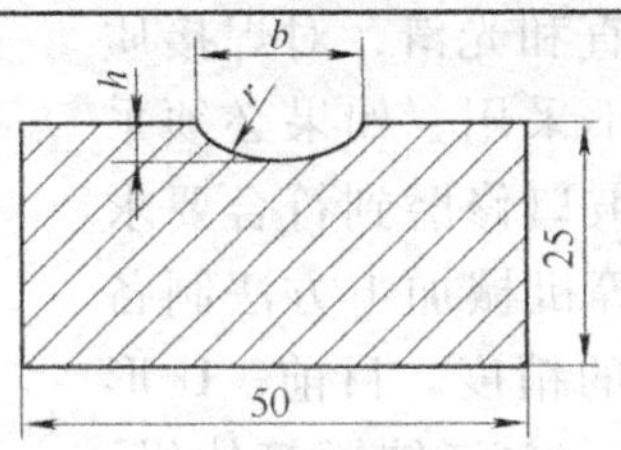

（单位：mm）

焊件厚度	槽宽 b	槽深 h	沟槽曲率半径 r
4 ~ 6	10	2.5	7.0
6 ~ 8	12	3.0	7.5
8 ~ 10	14	3.5	9.5
12 ~ 14	18	4.0	12

3）焊前预热。预热是降低焊后冷却速度的有效措施，主要目的在于改善金属材料的焊接性。根据母材的化学成分、焊接性、厚度、焊接接头的拘束强度、焊接方法和焊接环境综合考虑是否预热，必要时通过试验确定。常用钢号推荐的预热温度见表 7-4。不同钢号焊接时，预热温度按预热温度较高的钢号选取。采用局部预热时，应防止局部应力过大。预热的范围为焊缝两侧各不小于焊件厚度的 3 倍，且不小于 100mm。需要预热的焊件在整个焊接过程中应不低于预热温度，当用热加工方法下料、开坡口、清根、开槽或施焊时，也需考虑预热要求。

表 7-4　常用钢号推荐的预热温度

钢号	厚度/mm	预热温度/℃
16MnR，20，20R，20g	30 ~ 50	≥50
	>50 ~ 100	≥100
	>100	≥150
16MnD，16MnDR，09MnNiDR，15MnNiDR	≥30	≥50
16Mn，16MnR，15MnVR，15MnNbR	30 ~ 50	≥100
	>50	≥150
20MnMo，20MnMoD，08MnNiCrMoVD	任意厚度	≥100
07MnCrMoVR，07MnNiMoVDR	16 ~ 30	≥60
	>30 ~ 40	≥80
	>40 ~ 50	≥100
13MnNiMoNbR	任意厚度	≥150
18MnMoNbR		≥180
20MnMoNb	任意厚度	≥200

（续）

钢　号	厚度/mm	预热温度/℃
12CrMo，15CrMo		
12CrMoG	>10	≥150
15CrMoR，15CrMoG		
12Cr1MoV		
12Cr1MoVG		
12Cr1MoR，14Cr1Mo，12Cr2Mo	>6	≥200
12Cr2Mo1，12Cr2MoG，12Cr2Mo1R		
1Cr5Mo	任意厚度	≥250

2. 焊接参数的确定

空气储罐中埋弧焊主要参数有焊接电流、电弧电压、焊接速度及焊丝直径、伸出长度等。

（1）焊缝形状系数和熔合比　焊缝的形状如图 7-8 所示，图中焊缝熔化宽度 B 与熔化深度 H 之比，称为焊缝形状系数，用字母 ω 表示，$\omega = B/H$。焊缝形状系数 ω 和焊缝内部质量关系密切，ω 小，表明焊缝深而窄，内部易产生气孔、夹渣及热裂纹等缺陷。一般要求焊缝形状系数 $\omega = 1.3 \sim 2$。基体金属在焊缝中所占的比例称为熔合比，熔合比公式：

$$D = S_0/(S_0 + S_t)$$

式中，D 为熔合比；S_0 为基体金属熔化断面面积；S_t 为焊缝中填充金属断面面积。

如果基体金属中含碳和硫、磷等有害杂质比焊丝多时，D 值增大，意味着从基体金属中带入焊缝的这些有害元素多，焊缝的成分、组织和性能会下降。

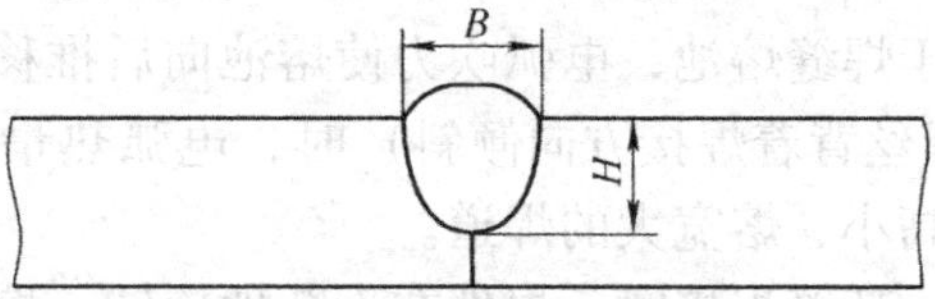

图 7-8　焊缝的形状

（2）焊接电流　当其他条件不变时，增加焊接电流对焊缝熔深的影响如图 7-9a 所示，无论是 Y 形坡口还是 I 形坡口，正常焊接条件下，熔深与焊接电流变化成正比，即电流增加，熔深增加。为防止接缝烧穿和焊缝裂纹，焊接电流不宜选用过大，但电流过小也会使焊接过程不

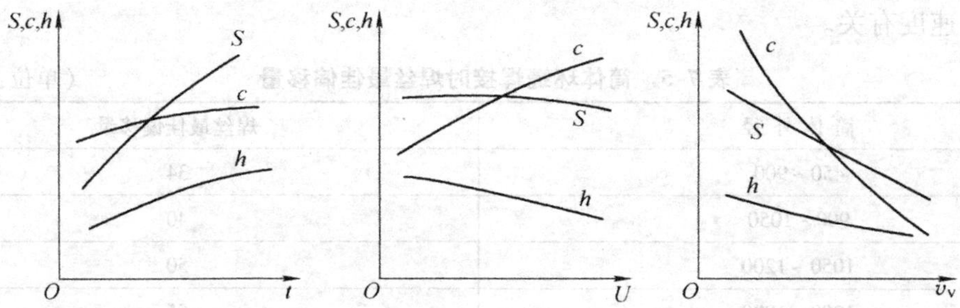

图 7-9　焊接电流、焊接电压、焊接速度对焊缝成形的影响

S—熔深　c—熔宽　h—余高

稳定并造成未焊透或未熔合，因此对于直边对接接头，焊接电流按所要求的最低熔透厚度来选择，而对于开坡口接头的填充层焊接电流主要按焊缝最佳成形的原则来选定。采用细焊丝焊接时，形成深而窄的焊道；采用粗丝焊接时，则形成宽而浅的焊道。

（3）电弧电压　电弧电压和电弧长度成正比，如果其他条件不变，改变电弧电压，则其对焊缝形状的影响如图 7-9b 所示。电弧电压低，熔深大，焊缝宽度窄，易产生热裂纹；电弧电压高时，焊缝宽度增加，余高不够。埋弧焊时，电弧电压是依据焊接电流调整的，即一定焊接电流要保持一定的弧长才可能保证焊接电弧的稳定燃烧，所以电弧电压的变化范围是有限的。

（4）焊接速度　焊接速度对熔深和熔宽都有影响，通常焊接速度小，焊缝熔深和熔宽都较大，随着焊接速度增加，焊缝熔深和熔宽都减小，即熔深和熔宽与焊接速度成反比。焊接速度太快会产生咬边和气孔等缺陷，使焊道外观变差。如果焊接速度太慢，可能引起焊缝烧穿，如电流电压同时较高，可能导致焊缝横截面呈蘑菇形。焊接速度对焊缝断面形状的影响如图 7-9c 所示。实际焊接时，为了提高生产率，在增加焊接速度的同时，必须加大电弧功率才能保证焊缝质量。

（5）焊丝伸出长度　焊丝伸出长度是指焊丝从导电嘴伸出的长度。焊丝的熔化速度与伸出长度的电阻热成正比。伸出长度越长，电阻热越大，熔化速度越快，焊缝余高增大，熔深略减，焊缝熔合比减小。当电流速度大于 $125A/mm^2$ 时，焊丝伸出长度对焊缝形状的影响变得较为明显。对于直径为 2.0mm、2.5mm 和 3.0mm 的焊丝，最佳伸出长度为 50～80mm，最大伸出长度为 75mm；对于直径为 4.0mm、5.0mm 和 6.0mm 的焊丝，最佳伸出长度为 30～50mm，最大伸出长度为 75mm。

（6）焊丝倾角和偏移量　焊丝前倾（焊丝顺着焊接方向倾斜）时，电弧大部分热量集中于焊缝熔池，电弧吹力使熔池向后推移，因此，形成熔涤大、熔宽小的焊道。而焊丝后倾（焊丝背着焊接方向倾斜）时，电弧热量大部分集中于未熔化的母材上，从而形成熔深小、余高小、熔宽大的焊道。

环缝焊接时，焊件在不断地旋转，熔化的焊剂和金属熔池由于离心力的作用而倾向于离开电弧区流动。因此为防止熔化金属的溢流和焊道成形不良，应将焊丝逆焊件旋转方向后移适当距离，使焊接熔池正好在焊件转到中心位置时凝固。如果后偏量过大则会形成熔深小、表面下凹的焊道；而后偏量过小，则会形成熔深大、熔宽小的焊道且中间凸起，有时还可能出现咬边。焊丝最佳偏移量主要取决于筒体的外径，见表 7-5，但也与焊件的厚度、所选的电流和焊接速度有关。

表 7-5　筒体环缝焊接时焊丝最佳偏移量　　（单位：mm）

筒 体 外 径	焊丝最佳偏移量
450～900	34
900～1050	40
1050～1200	50
1200～1800	55
>1800	75

鉴于以上分析，空气储罐埋弧焊焊接参数，包括筒体纵缝焊接参数、筒节环缝焊接参数以及筒体与上封头环缝焊接参数，见表 7-6。

表 7-6　压缩空气储罐埋弧焊焊接参数

焊件厚度/mm	接缝装配间隙/mm	焊丝直径/mm	焊接电流/A	电弧电压/V	焊接速度/(m/h)
8	2.5 ~ 3.5	4.0	700 ~ 750	32 ~ 34	34 ~ 36

三、空气储罐组合件与筒体拼缝焊接工艺

根据空气储罐制作技术要求，人孔组合件与筒体间的角焊缝，以及储罐支腿与管孔和筒体间的焊缝均采用焊条电弧焊。

1. 焊前准备

压力容器管孔与筒体的连接采用的是焊条电弧焊，其焊前准备工作包括焊接材料的准备、焊接设备的准备以及焊件的准备。

（1）焊接材料的准备

1）焊接材料的选择。焊条电弧焊的焊接材料为焊条，选用焊条时应考虑下列原则：①根据被焊金属材料类别选择相应的焊条种类（大类）。例如，焊接碳钢或普通低合金钢时，应选用结构钢焊条。②焊缝性能要和母材性能相同，或焊缝化学成分类型和母材相同以保证性能相同。③焊条工艺性能要满足施焊要求。如在非水平位置施焊时，应选用适于各种位置焊接的焊条。又如，向下立焊、管道焊接、底层焊接、盖面焊、重力焊时，可选用相应的专用焊条。此外，在保证性能要求的前提下，应优先选择价格低、熔敷效率高的焊条。根据压缩空气储罐制造工艺要求，所选焊条的型号为 E4303（J422）。

2）焊条烘干。焊条在出厂前经高温烘干，并用防潮材料包装，起到一定的防止药皮吸潮作用，一般应在使用前拆封。考虑到焊条长期储运过程中难免受潮，为确保焊接质量，用前仍须按产品说明书的规定进行再烘干。再烘干温度由药皮类型确定。一般，酸性焊条取 70 ~ 150℃范围，最高不超过 250℃，保温 1 ~ 1.5h；碱性焊条取 300 ~ 400℃范围，保温 1 ~ 2h。焊条烘干一般采用专用的烘箱，应遵循使用多少烘多少，随烘随用的原则。立式空气压缩储罐中焊条电弧焊选用的焊条型号为 E4303（J422），依据常用焊材烘干及保温时间，应在 150℃条件下，保温 1h 进行烘干。烘后的焊条不宜在露天放置过久，可放在低温烘箱或专用的焊条保温桶内。低氢型焊条对水分比较敏感，要求使用前一定烘干，原则上重复烘干不超过两次。酸性焊条药皮中允许的含水量较高，是否要烘干，可视焊条存放时间及受潮程度而定。

（2）焊接设备的准备

1）焊接设备的选择。焊条电弧焊的焊接设备主要有弧焊电源、焊钳和焊接电缆，此外，还有面罩、敲渣锤、钢丝刷和焊条保温桶等，后者统称为辅助设备或工具。焊条电弧焊用的弧焊电源是一台额定电流在 500A 以下的具有下降外特性的弧焊电源，有弧焊变压器、弧焊整流器、弧焊逆变器等多种类型。焊条电弧焊采用的焊接电流既可以是交流也可以是直流。目前，我国焊条电弧焊用的电源主要有弧焊变压器和弧焊整流器（包括弧焊逆变器）两大类。前一种属于交流电源，后一种属于直流电源。弧焊电源电流的种类主要是依据所使用的焊条类型和所要焊接的产品要求进行选择的。低氢钠型焊条必须选用直流弧焊电源，以

保证电弧稳定燃烧。酸性焊条虽然交、直流均可使用，但一般选用结构简单且价格较低的交流弧焊电源。

根据立式空气储罐制造的技术要求，进行焊条电弧焊焊接的时候采用的焊条型号为 E4303（J422），并考虑焊接件的具体结构，因此选用 BX3—300 或 ZXG—300 型焊机。

2）焊条电弧焊电源的调节。BX1 型电源属于动铁芯式弧焊变压器电源，是由一个口字形固定铁心和一个活动铁心组成的。该电源的外特性是靠活动铁心的漏磁作用来获得的。电流的粗调节通过改变二次线圈匝数来实现；电流的细调通过调节活动铁心与固定铁心的相对位置实现。通过手柄使活动铁心向外和向里移动。活动铁心向外移动时，漏磁减小，电流增加；反之，电流减小。操作时应在空载下进行，当手柄逆时针旋转时，电流增大，手柄顺时针旋转时，电流减小。

（3）焊件的准备　焊件的准备包括坡口的选择与制备、工件的清理与装配以及焊前预热等。立式空气压缩储罐人孔组合件由人孔接管、管口法兰、盖板、把手、密封圈和固定连接装置螺栓构成，其型号为 A450—1.6，筒体材料为 Q235B（钢板），补强圈材料为 Q235B，尺寸为 $\phi450\times6$mm。

1）坡口的选择与制备。坡口形式取决于焊接接头形式、工件厚度以及对接头质量的要求。根据板厚不同，焊条电弧焊接头常用的坡口类型有 I 形、Y 形、X 形、U 形等。立式空气储罐人孔与筒体焊接接头为角接头，补强圈与筒体焊接接头为搭接接头，根据空气储罐制作技术要求，不开坡口，其接头形式及尺寸如图 7-10 所示。

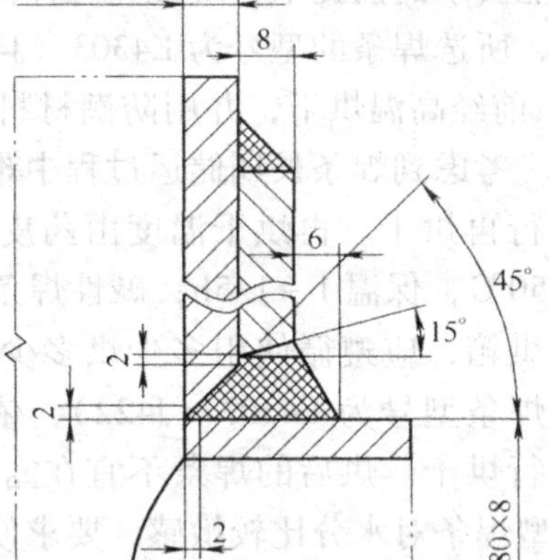

图 7-10　人孔与筒体焊接接头

2）工件的清理与装配。焊前，对接头及附近（约 20mm 内）表面被油、锈、漆和水等污染的清理。用碱性焊条焊接时，清理要求严格、彻底，否则极易产生气孔和延迟裂纹。酸性焊条对锈不很敏感，若锈蚀较轻，而且对焊缝质量要求不高时，可以不清理。清理时，可根据被清物的种类及具体条件，分别选用钢丝刷刮刷、砂轮磨或喷丸处理等手工或机械方法，也可用除油剂（汽油、丙酮）清洗的化学方法，必要时，还可用氧乙炔焰烘烤清理的部位，以去除工件表面油污和氧化皮。

将已加工好的人孔组合件按照装配技术要求装配到筒体上，准备焊接。具体装配工艺参见第六单元焊接结构总装。

3）焊前预热。工件是否需要预热及预热温度的选择，主要根据工件材料、结构形状与尺寸而定，对于刚性不大的低碳钢和强度级别较低的低合金高强度钢结构，一般不需要预热。而对刚性大的或焊接性差而容易产生裂纹的结构，焊前必须预热。工件整体预热一般在炉内进行；局部预热可以用火焰加热、工频感应加热或红外线加热等。具体预热温度参见表7-4。

2. 焊接参数的确定

焊条电弧焊的焊接参数主要包括：焊条直径、焊接电流、焊接电压、焊接速度等。

（1）焊条直径的选择　为了提高焊接生产率，希望采用大电流大直径焊条，但焊条直径又受到工件厚度、焊接位置等因素的限制，因此，焊条直径的选择应考虑下列因素。

1）焊件的厚度。厚度大的焊件应选择直径大的焊条，见表7-7。

表7-7　焊条直径与焊件厚度的关系　（单位：mm）

焊件厚度	2	3	4~5	6~12	>13
焊条直径	2	3.2	3.2，4	4，5	5~6

2）接头形式。搭接、T形接头选的焊条直径要大些。

3）焊缝空间位置。仰、立、横焊时，为防止液体金属下淌，其焊条直径应比平焊时小。

4）焊接层次。多层焊时，为使焊缝根部焊透而又不焊穿，第一层打底焊时应选用较小直径的焊条。

（2）焊接电流的选择　焊接电流是最重要的工艺参数，也是焊工在操作过程中唯一需要调节的参数。大电流能提高生产率，但电流过大时会使焊条发热、药皮脱落，甚至使工件烧穿、焊接热影响区晶粒粗大；电流过小又会造成夹渣、未焊透等缺陷。决定焊接电流的依据是焊条类型、焊条直径、焊件厚度、接头形式、焊缝位置和层数等，但主要是依据焊条直径和焊接位置。

1）焊条直径。焊接低碳钢或低合金钢时，经验公式如下：

$$I=(35\sim50)D$$

式中，I为焊接电流，单位为A；D为焊条直径，单位为mm。当$D\geqslant3.2$mm时上式适用。各种直径焊条使用电流见表7-8。

表7-8　各种直径焊条使用电流参考

焊条直径/mm	焊接电流/A	焊条直径/mm	焊接电流/A
1.6	25~40	4.0	160~210
2.0	40~65	5.0	200~270
2.5	50~80	5.8	260~300
3.2	100~130		

2）焊接位置。在焊平焊缝时，由于运条及控制熔池中液体金属比较容易，故可选用较大的电流进行焊接；在焊其他位置（立、横、仰）焊缝时，为了避免液体金属下淌，熔池

体积应小一些。立焊时应减小10%～15%，仰焊时应减小15%～20%。

3）焊道层次。通常焊接打底焊道时，特别是焊接单面焊双面成形时，使用的电流要小一些，这样便于操作和保证背面焊道的质量；焊填充焊道时，为提高效率，通常使用较大的焊接电流；而焊盖面焊道时，为防止咬边和获得美观的焊缝，使用的电流要稍小些。

4）焊条类型。碱性焊条选用的焊接电流比酸性焊条小10%左右；不锈钢焊条比碳钢焊条选用电流小20%左右等。

（3）焊接层数的选择　在焊接中、厚板时，往往需要采用多层焊或多层多道焊。对于同一厚度的材料，其他条件不变时，焊接层次增加，热输入量减少，有利于提高焊接接头的塑性和韧性。而且对低合金钢等钢材来说，多层焊的前一道焊缝对后一道焊缝起着预热的作用，而后一道焊缝对前一道焊缝起着热处理作用，有利于提高焊缝的性能。对于低碳钢和强度等级较低的低合金钢多层焊接时，若每层焊缝厚度过大，则对焊缝金属的塑性有不利影响。因此，对质量要求较高的焊缝，每层厚度最好不大于5mm。

焊接层数的确定主要根据钢板厚度、焊条直径、坡口形式和装配间隙等来确定，可作如下近似估算：

$$n = \delta / D$$

式中，n 为焊接层数；δ 为工件厚度，单位为mm；D 为焊条直径，单位为mm。

（4）焊接电压　当电弧保护气体和焊接材料一定时，电弧电压是由弧长决定的。电弧长则电弧电压高，电弧短则电弧电压低。在一般情况下，应尽量采用短弧焊，特别是用碱性焊条施焊时，应尽量选用低的电弧电压，以利于电弧的稳定及防止气孔。

（5）焊接速度　焊接过程中，焊接速度应该均匀适当，既要保证焊透又要保证不焊穿，同时还要使焊缝宽度和余高符合设计要求。如果焊接速度过快，熔化能量不够，易造成未熔合、焊缝成形不良等缺陷；如果焊接速度过慢，则高温停留时间增长，热影响区宽度增加，焊接接头晶粒变粗，力学性能降低，同时使工件变形量增大，在焊接较薄工件时容易焊穿。因此，焊接速度应根据工件的厚度、坡口形式、焊缝成形及焊件热敏感性综合考虑，由焊工适当控制，在保证不焊穿和成形良好的情况下，应尽量采取较大的焊条直径和焊接电流，并适当提高焊接速度以提高生产率。

基于以上分析，根据空气储罐制作的结构尺寸及工艺要求，进行组合件与筒体拼缝焊接时，焊接参数选择见表7-9。

表7-9　空气储罐焊条电弧焊焊接参数

焊接层次	焊条直径/mm	焊接电流/A
打底层	4	140～170
填充层	5	160～210
盖面层	5	150～190

参考文献

［1］戴建树，叶克力．焊接结构零件制造技术【M】，北京：机械工业出版社，2010.